计算机类与电子信息类"十三五"规划教材

数据结构与算法学习指导

张　垒　石玉强　主　编
闫大顺　张世龙　王俊红　吴一尘　副主编

中国农业大学出版社
·北京·

内容提要

本书是《数据结构与算法》的实践指导书，作者力图通过大量习题的解析、数据结构与算法实验及课程设计，帮助学生深入学习、掌握并灵活运用数据结构知识。

全书内容分为3部分。第1部分是石玉强、闫大顺主编的《数据结构与算法》一书所对应的习题参考答案；第2部分是数据结构与算法实验，这些实验是作者根据课堂教学经验精心设计，实验目的在于帮助学生掌握各种典型数据结构的存储方式和各种操作，有效提高学生的实际应用能力和上机动手能力；第3部分为数据结构与算法课程设计，根据"数据结构与算法"课程的教学重点，给出了40个课程设计题目，每个题目都有明确的要求，并给出一个完整的课程设计报告实例。

本书内容丰富，实用性强，不仅可以作为与《数据结构与算法》配套使用的辅导书，而且可作为高等院校计算机类及其他相关专业学生学习"数据结构与算法"和其他程序类课程的参考教材，还可以作为"数据结构与算法"习题课和实验课的教材及自学者的参考资料。

图书在版编目(CIP)数据

数据结构与算法学习指导 / 张垒，石玉强主编. - 北京：中国农业大学出版社，2021.1
ISBN 978-7-5655-2525-4

Ⅰ.①数… Ⅱ.①张…②石… Ⅲ.①数据结构 - 高等学校 - 教学参考资料②算法分析 - 高等学校 - 教学参考资料 Ⅳ.①TP311.12

中国版本图书馆 CIP 数据核字(2021)第031536号

书　　名 数据结构与算法学习指导
作　　者 张　垒　石玉强　主　编

策　　划 司建新　　**责任编辑** 司建新　吕建忠
封面设计 郑　川
出版发行 中国农业大学出版社
社　　址 北京市海淀区圆明园西路2号　　**邮政编码** 100193
电　　话 发行部 010-62733489，1190　　读者服务部 010-62732336
编辑部 010-62732617，2618　　出　版　部 010-62733440
网　　址 http://www.caupress.cn　　**E-mail** cbsszs @ cau.edu.cn
经　　销 新华书店
印　　刷 涿州市星河印刷有限公司
版　　次 2021年2月第1版　　2021年2月第1次印刷
规　　格 787×1 092　　16开本　　12印张　　300千字
定　　价 36.00元

计算机类与电子信息类“十三五”规划教材
编写委员会

编 写 人 员

主　编　张　垒　石玉强
副主编　闫大顺　张世龙　王俊红　吴一尘
参　编　王秀明

前　言

本书是《数据结构与算法》的实践指导书。数据结构与算法的实践环节包括两个方面：第一方面的主要内容是分析问题、设计算法、给出测试用例；第二方面的主要内容是算法代码编写、程序测试、程序调试。这两部分相辅相成、互相补充。本书的主要内容就是围绕这两个环节进行组织。

本书第1部分是石玉强、闫大顺主编中国农业大学出版社2017年2月出版的《数据结构与算法》的习题参考答案，在解题时，突出了问题的分析和算法设计，并给出了参考程序。

本书第2部分是作者设计的7个实验。这些实验仅仅作为推荐的实验，只是为了抛砖引玉。作者希望学习者自己设计实验。

本书第3部分是作者精心设计的课程设计，包括40个典型的课程设计题目和一个完整的课程设计报告实例。

本书在共同讨论的基础上，由仲恺农业工程学院张世龙编写第1部分的第1章、第2部分的实验1；仲恺农业工程学院石玉强编写第1部分的第2章和第3章、第2部分的实验2；仲恺农业工程学院张垒编写第1部分的第4章、第2部分的实验4、第3部分课程设计1及附录部分；国防科技大学电子对抗学院吴一尘编写第1部分第5章、第2部分实验6和第3部分课程设计2；仲恺农业工程学院王俊红编写第1部分的第6章和第7章、第2部分的实验5；仲恺农业工程学院闫大顺编写第1部分的第8章、第2部分的实验7；海南大学王秀明编写第2部分实验3。全书由张垒和石玉强统一编排定稿。

参加本书讨论的还有李晟、刘磊安、杨灵、孙永新、邹莹、王潇、吴志芳、曾宪贵、冯大春、赵爱琴、杨现丽等，他们对书稿提出了宝贵的意见，在此一并表示衷心的感谢！

由于作者水平有限，书中难免会有不足和错误之处，敬请广大读者批评指正。

编　者

2020年8月

目　录

第 1 部分　数据结构与算法习题参考答案

第1章　绪论

1.1　简述数据与数据元素的关系与区别。

答:数据是信息的载体,是对客观事物的符号表示。在计算机科学中,数据能被计算机识别、存储和加工。数据是一个集合。

数据元素是数据的基本单位,在计算机程序中通常作为一个整体进行考虑和处理。数据元素是数据集合中的一个成员。

1.2　简述下列术语:数据、数据元素、数据对象、数据关系、关键码、数据结构、数据逻辑结构、数据物理结构、数据类型和抽象数据类型。

答:数据是对客观事物的符号表示,在计算机科学中是指所有能输入到计算机中并被计算机程序处理的符号的总称,它是计算机程序加工的"原料"。

数据元素是数据的基本单位,在计算机程序中通常作为一个整体进行考虑和处理。数据元素可以由一个或多个数据项构成。

数据对象是性质相同的数据元素的集合,它是数据的一个子集。

数据关系是指数据对象中各数据元素之间存在的某种关系,这种关系反映了数据对象中数据元素所固有的一种结构。

关键码指的是数据元素中能够起标识作用的数据项。

数据结构是带有结构特性的数据元素的集合,它研究的是数据的逻辑结构和数据的物理结构,以及它们之间的相互关系,并对这种结构定义相适应的运算,设计出相应的算法,并确保经过这些运算以后所得到的新结构仍保持原来的结构类型。

数据逻辑结构是对数据元素之间的逻辑(数学)关系的描述,它可以用一个数据元素的集合和定义在此集合上的若干二元关系来表示。

数据物理结构又称存储结构,是数据对象在计算机存储器中的表示,它包括数据本身在计算机中的存储方式,以及数据之间的逻辑关系在计算机中的表示。

数据类型是和数据结构密切相关的一个概念,它最早出现在高级程序设计语言中,用以描述(程序)操作对象的特性。

抽象数据类型,一个数据结构加上定义在这个数据结构上的一组操作,即构成一个抽象数据类型的定义。

1.3　数据结构是一门研究什么的学科?

答:数据结构是一门研究在非数值计算的程序设计问题中,计算机的操作对象及对象间的关系和施加于对象上的操作的学科。

1.4　算法分析的目的是什么? 算法分析的两个主要方面是什么?

答:算法分析是指对一个算法需要多少计算时间和存储空间作定量的分析,其目的是分析算法的效率以求改进。算法分析的两个主要方面是时间复杂度分析和空间复杂度分析。

1.5 计算机算法指的是解决问题的有限运算序列,它必须具备的5个特性是什么?

答:计算机算法必须具备有穷性、确定性、可行性、有输入、有输出等特性。

1.6 说出数据结构中的四类基本逻辑结构,并说明哪种关系最简单、哪种关系最复杂。

答:数据结构中的四类基本逻辑结构是集合结构、线性结构、树形结构和图状结构。集合结构数据元素之间的关系最简单,图状结构数据元素之间的关系最复杂。

1.7 画出线性结构、树形结构、图状结构的示意图。

答:三种结构的示意图如图1.1.1所示。

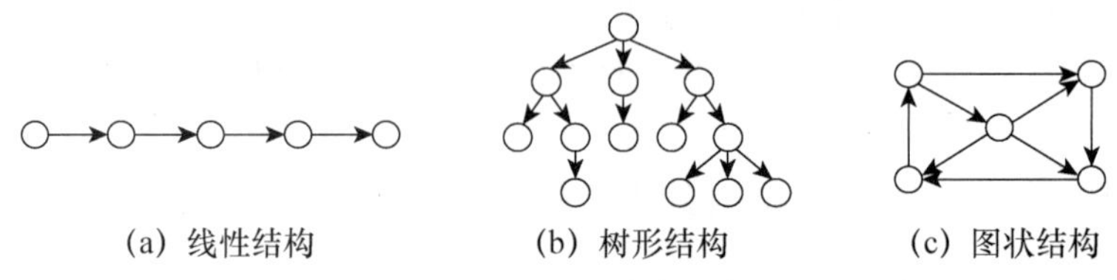

图1.1.1 三种结构的示意图

1.8 什么是逻辑结构、存储结构?有哪几种存储结构?

答:数据的逻辑结构是对数据元素之间的逻辑(数学)关系的描述,它可以用一个数据元素的集合和定义在此集合上的若干二元关系来表示。逻辑结构分为线性结构和非线性结构两大类,具体包括集合结构、线性结构、树形结构和图状结构。

数据的存储结构是数据对象在计算机存储器中的表示,它包括数据本身在计算机中的存储方式,以及数据之间的逻辑关系在计算机中的表示。存储结构分为顺序存储结构、链式存储结构、索引存储结构和哈希存储结构。

1.9 简述顺序存储结构与链式存储结构在表示数据元素之间关系上的主要区别。

答:顺序存储结构中,数据元素按其相互之间的逻辑关系存放在一块连续的存储空间内,由数据元素的存储位置体现数据元素之间的逻辑关系。链式存储结构中,数据元素不要求存放在一块连续的存储空间内,数据元素之间的逻辑关系与存储位置没有一一对应的关系,数据元素之间的逻辑关系依靠附加在存储数据元素的结点中的指针来表示。

1.10 简述逻辑结构与存储结构的关系。

答:逻辑结构反映数据之间的逻辑关系,与计算机系统无关。存储结构反映数据元素及其关系在计算机存储器内的表示。也就是说,存储结构不仅将数据元素存储在计算机中,而且反映了数据元素之间的逻辑关系。

1.11 通常从哪几个方面评价算法的质量?

答:正确性、可读性、健壮性、时间效率和存储占用量。

1.12 算法的时间复杂度主要有哪几种?按从优到劣的顺序写出各种表示形式。

答:算法的时间复杂度从优到劣为 $O(1)$、$O(\log n)$、$O(n)$、$O(n\log n)$、$O(n^2)$、$O(n^3)$、$O(2^n)$、$O(n!)$、$O(n^n)$。

1.13 设有数据结构(D,R),其中:

$$D=\{d1,d2,d3,d4\} \qquad R=\{(d1,d2),(d2,d3),(d3,d4)\}$$

试按图论中图的画法,画出逻辑结构图。

答:逻辑结构图如图1.1.2所示。

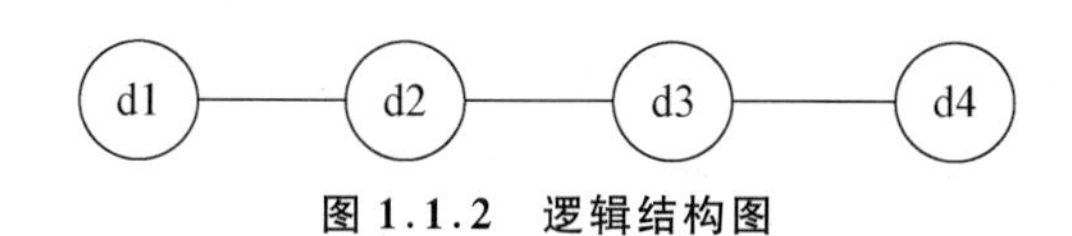

图 1.1.2　逻辑结构图

1.14　设计求解下列问题的算法，并分析其最坏情况下的时间复杂度。

(1)在数组 a[1‥n]中查找值为 key 的元素，如果找到，则输出其位置；如果没找到，则输出 0 作为标志。

(2)找出数组 a[1‥n]中元素的最大值和最小值。

答：(1)参考程序如下：

```
void Findkey(int a[],int key)
{
    int i;
    for(i = 0;i<a.length;i + + )          /* 对数组进行扫描 */
      if(a[i] = = key)
      {
          printf(" % d\n",i);              /* 输出 key 的位置 */
          break;
      }
    if(i = = a.length)
      printf("0\n");                       /* 如果没有找到 key,则输出 0 */
}
```

最坏情况下时间复杂度分析：根据时间复杂度求解方法可以得出 T(n) = n，所以时间复杂度为 O(n)。

(2) 假设数组 a[1‥n]为 10 元素的数组，参考程序如下：

```
# include <stdio.h>
int main()
{
    int max, min, i;
    int a[10] = {54, 36, 78, 98, 79, 90, 57, 84, 83, 79};
    max = min = a[0];
    for(i = 1; i < 10; i + + )
        if(a[i] > max)             /* 查找数组最大值并赋值给 max */
            max = a[i];
        else if(a[i] < min)        /* 查找数组最小值并赋值给 min */
            min = a[i];
    printf("max = % d\n", max);
    printf("min = % d\n", min);
}
```

最坏情况下的时间复杂度分析：根据时间复杂度求解方法可以得出 T(n) = n，所以时间复杂度为 O(n)。

1.15　已知输入 x、y、z 这 3 个不相等的整数，试设计一个算法，使这 3 个数按从小到大的顺序输出，并考虑此算法的比较次数和元素移动的次数。

参考程序如下：

```
#include <stdio.h>
int main()
{
    int a, b, c, t;
    scanf("%d,%d,%d", &a, &b, &c);
    if(a > b)
    {
        t = a;
        a = b;
        b = t;
    }
    if(a > c)
    {
        t = a;
        a = c;
        c = t;
    }
    if(b > c)
    {
        t = b;
        b = c;
        c = t;
    }
    printf("%d,%d,%d", a, b, c);
}
```

从该程序中可以看出，该算法的比较次数是 3 次，元素移动的次数最多 9 次，最少 0 次。

1.16　以下算法是在一个有 n 个数据元素的数组 a 中删除第 i 个位置的数组元素，要求当删除成功时数组元素个数减 1，求平均删除一个数组元素需要移动的元素个数是多少？其中，数组下标为 0～(n－1)。

```
int delete(int a[], int n, int i)
{
    int j;
    if (i < 0 || i > n)
        return 0;
    for (j = i + 1; j < n; j++)
        a[j - 1] = a[j];
    n--;
    return 1;
```

```
}/* delete */
```

答：假设删除任何位置上的数据元素都是等概率的，设 P_i 为删除第 i 个位置上数据元素的概率，则有 $P_i = 1/n$，设 E 为删除数组元素的平均次数，则有：

$$E = \frac{1}{n}\sum_{i=0}^{n-1}(n-1-i) = \frac{1}{n}[(n-1)+(n-2)+\cdots+2+1+0] = \frac{1}{n}\cdot\frac{n(n-1)}{2} = \frac{n-1}{2}$$

因 $T(n) = E \leqslant (n+1)/2 \leqslant c*n$，其中 c 为常数，所以该算法的等概率平均时间复杂度为：

$$T(n) = O(n)$$

1.17 设计一个算法，用不多于 3n/2 的平均比较次数，在数组 A[1‥n]中找出最大和最小值的元素。

假设 A 为一个 5 元素数组，参考程序如下：

```
#include <stdio.h>
int main()
{
    intA[] = {5, 1, 2, 7, 3};
    int min = 0, max = 0;
    int i;
    min = A[0];
    max = A[0];
    for(i = 1; i < 5; i++)
    {
        if(A[i] < min)
            min = A[i];
        else if(A[i] > max)
            max = A[i];
    }
    printf("max = %d\n", max);
    printf("min = %d\n", min);
}
```

最好的情况：第一个元素最大，且数组元素呈递减排序，则比较次数为 n 次。

最坏的情况：第一个元素最小，且数组元素呈递增排序，则比较次数为 2n 次。

所以平均比较次数为(n + 2n)/2 = 3n/2。

第2章　线性表

2.1　线性表的两种存储结构各有哪些优缺点？

答：数组，静态存储结构，可以随机访问任意一个成员，优点是访问效率高，访问结点的时间复杂度为O(1)，在固定元素个数的场合下占用空间小；缺点是插入及删除数组元素时需要大量移动数据，维护效率低，时间复杂度为O(n)，且元素个数不确定时需以数组上限来申请长度空间，造成空间浪费。

链表，动态存储结构，适用于元素个数不确定且变化大的场合，优点是可以随时申请或归还存储空间，且插入或删除结点时只要修改链接的指针，无须移动数据结点，时间复杂度为O(1)；缺点是不能随机访问数据结点，访问数据结点时需要遍历链表，时间复杂度为O(n)。

2.2　在什么情况下使用顺序表比链表好？

答：当需要对线性表进行随机存取时，顺序表比链表更适用，因为顺序表中逻辑关系相邻的两个元素在物理位置上也相邻。例如，假设L是SqList类型的顺序表，表中第i个数据元素为L－>data[i－1]，查找方便，这是链表所不具备的优势。

2.3　试描述开始结点、头指针、头结点的区别，并说明头指针和头结点的作用。

答：开始结点是指链表中的第一个结点，也就是没有直接前驱的那个结点。

链表的头指针是指向链表开始结点的指针（在没有头结点的情况下），单链表由头指针唯一确定，因此单链表可以用头指针的名字来命名。

头结点是在链表的开始结点之前附加的一个结点。有了头结点之后，头指针指向头结点，不论链表是否为空，头指针总是非空，而且头指针的设置使得对链表首位置上的操作与对链表其他位置上的操作一致（都在某一结点之后）。

2.4　一个线性表L采用顺序存储结构，若其中所有元素为整数，编写算法将所有小于0的数据元素移到所有大于0的元素的前面，要求算法的时间复杂度为O(n)，空间复杂度为O(1)。

分析：顺序查找线性表L中值大于0的元素，逆序查找线性表L中值小于0的元素，并进行交换。

参考程序如下：

```
void Sort(SqList *&L)
{
    int i = 0, j = L->length - 1, temp;
    while(i < j)
    {
      while(i < j && L->data[j] > 0)      /* 从后向前扫描顺序表，查找值小于0的元素 */
            j--;
```

```
        while(i < j && L->data[i] < 0)       /* 从前向后扫描顺序表,查找值大于 0 的元素 */
            i++;
        if(i < j)                            /* 两元素交换 */
        {
            temp = L->data[i];
            L->data[i] = L->data[j];
            L->data[j] = temp;
        }
    }
}
```

2.5　编写一个算法,一个线性表 L 采用顺序存储结构,若其中所有元素为整数,删除数据元素值在[x,y]之间的所有元素,要求算法的时间复杂度为 O(n),空间复杂度为 O(1)。

分析:首先对 x、y 进行排序,将较小值赋值给 x,较大值赋值给 y,然后从前向后扫描线性表 L,并删除在[x,y]之间的所有元素。

参考程序如下:

```
void Delete( SqList * &L, int x, int y )
{
    int k = 0, i, t;                          /* k 记录不在[x,y]之间的元素个数 */
    if ( x > y )
    {
        t = x;
        x = y;
        y = t;
    }
    for ( i = 0; i < L->length; i++ )
        if ( L->data[i] < x || L->data[i] > y )   /* 复制不在[x, y]之间的元素 */
        {
            L->data[k] = L->data[i];
            k++;
        }
    L->length = k;
}
```

2.6　编写一个算法,将一个带头结点的数据域依次为 $a_1, a_2, \cdots, a_n(n \geq 3)$ 的单链表的所有结点逆置。

参考程序如下:

```
void Reverse(SqList * &L)
{
    SqList *p = L->next, *q;
    L->next = NULL;
    while(p != NULL)
    {
```

```
        q = p->next;
        p->next = L->next;
        L->next = p;
        p = q;
    }
}
```

2.7 编写一个算法，将两个循环链表 $a=(a_1,a_2,\cdots,a_{n-1},a_n)$ 和 $b=(b_1,b_2,\cdots,b_{m-1},b_m)$ 合并为一个循环链表 c。

分析：将链表 a 的尾结点与 b 的头结点相连，将链表 b 的尾结点与 a 的头结点相连即可。

参考程序如下：

```
void UnionList(LinkList *a, LinkList *b, LinkList *&c)
{
    LinkList *p;
    p = a->next;                    /* 用指针 p 保存链表 a 的头结点地址 */
    a->next = b->next->next;        /* 将链表 a 的尾结点与链表 b 的第一个结点相连 */
    free( b->next );                /* 释放链表 b 的头结点的存储空间 */
    b->next = p;                    /* 将链表 b 的尾结点与链表 a 的头结点相连 */
    c = b;
}
```

2.8 设有一个双链表，每个结点中除有 prior、data 和 next 三个域外，还有一个访问频度域 freq，在链表被起用之前，其值均初始化为零。每当进行 LocateNode(h,x)运算时，令元素值为 x 的结点中 freq 域的值加 1，并调整表中结点的次序，使其按访问频度的递减序排列，以便使频繁访问的结点总是靠近表头。试写一符合上述要求的 LocateNode 运算的算法。

分析：首先查找链表中是否存在值为 x 的结点，如果不存在，则返回 false；如果存在，则将该结点 freq 值加 1，然后向前查找比该结点 freq 值大的结点，并将该结点放至其后，返回 true。

参考程序如下：

```
bool LocateNode(DuLinkList *&h, int x)
{
    DuLinkList *t, *p;
    p =h;
    for (h = h->next; h; h = h->next )   /* 查找 x 是否存在 */
    {
      if ( h->data == x )
        break;
    }
    if (h == NULL )
        return(false);
    else {h->freq++;
      /* 找到一个结点 t,它的频度大于 h 的频度 */
```

```
        for ( t = h->prior; t ! = p && t->freq <= h->freq; t = t->prior);
        h->prior->next = h->next;
        if (h->next ! = NULL )     /* 使h的前一个结点和后一个结点相连 */
        {
          h->next->prior = h->prior;
        }
        /* 将L放在t结点的后面 */
        h->next = t->next;
        h->next->prior = h;
        t->next = h;
        h->prior = t;
        return(true);
    }
}
```

2.9 (华中科技大学)假定数组A[n]的n个元素中有多个零元素,编写算法将A中所有的非零元素依次移到A的前端。

分析:顺序查找数组A中值为0的元素,逆序查找数组A中值为非0的元素,并进行交换。

参考程序如下:

```
void moveZero ( int A[], int n )
{
    int i, j;
    j = n;
    for ( i = 0; i<j; i++ )              /* 遍历数组A */
    {
      if ( A[i] == 0 )                   /* 顺序查找数组A中值为0的元素 */
      {
        for ( j = n - 1; j < i; j-- )
        {
          if ( A[j] > 0 )                /* 逆序查找数组A中值不为0的元素 */
          {
            A[i]= A[j];
            A[j]= 0;
            break;
          }
        }
      }
    }
}
```

2.10 (武汉大学)设计一个算法int increase(LinkList * L),判定带头结点单链表L是否是递增的,若是则返回0。

分析:本题考查带着结点的单链表元素的读取。从第一个结点开始依次读取数据,判断后一个结点的数据是否比前一个结点的数据大。

假设 L 的元素包括数据 data 和指针域 next,参考程序如下:

```
int increase(LinkList *L)
{
    LinkList *p = L->next, *q;              /* p指向第一个数据结点 */
    if(p != NULL)
    {
        while(p->next != NULL)
        {
            q = p->next;                    /* q是p的后继 */
            if (q->data > p->data)          /* 如果是递增的,继续向后扫描 */
                p = q;
            else return 1;
        }
    }
    return 0;
}
```

2.11 (同济大学)在某商店仓库中,欲对电视机按其价格从低到高的次序构造一个头指针为 head、不带表头结点的单循环链表,链表的每个结点指出同样价格的电视机的台数。现有 m 台价格为 n 元的电视机入库,试编写出仓库电视机的进货算法。链表的结点类型表示如下:

```
typedef struct list{
    float price;
    int num;
    struct list *next;
}Linklist;
```

分析:可分三种情况考虑。①如果仓库为空,进一批货之后,则建立一个有一个结点的循环链表;②如果仓库非空,且仓库中没有该价格的电视机,则需要在链表中的某一位置上插入一个结点;③如果仓库中有该价格的电视机,则可以直接在相应结点上加上新进货的台数。

参考程序如下:

```
void addlist (Linklist *head, int m, float n)
{
    Linklist *p, *q, *t;
    p = (Linklist *) malloc( sizeof(Linklist) );
    p->price = n;
    p->number = m;
    if ( head == NULL )                 /* 仓库为空时,新建一个单循环链表 */
    {
      head = p;
      head->next = head;                /* 构成一个单循环链表 */
```

```
    } else {
      /* 当头结点的 price 小于 n,则把 p 所指结点作为第一个结点插入 */
      if ( head->price < n )
      {
        q = head->next;              /* 查找该单循环链表的最后一个结点 */
        while ( q != head )
          q = q->next;
        p->next = head;
        head = p;
        q->next = head;
    } else {
      /* 查找相应的结点(q 所指向),在之前插入 p 所指结点 */
      q = head->next;
      while ( q->price < n && q != head )
        {
          t = q;                     /* 用 t 指向 q 的前一个结点 */
          q = q->next;
        }
        if ( q->price == n )         /* 查找到价格相同的结点,更新数量 num 的值 */
            q->num += m;
            else{
              t->next = p->next;     /* 在 t 之后插入 p 结点 */
              p->next = q;
        }
      }
    }
}
```

2.12 （中国科学技术大学）假设某循环单链表非空，且无表头结点也无表头指针，指针 p 指向该链表中的某结点。请设计一个算法将 p 所指结点的后继结点变为 p 所指结点的前驱结点。

分析：首先找到 p 的前驱结点、前驱结点的前驱结点和后继结点，然后将前驱结点和后继结点交换。

参考程序如下：

```
void Inverse (LinkList *p)
{
    LinkList *s, *q, *r;        /* r 指向 p 的前驱结点,q 指向 p 的后继结点 */
    s = r = p->next;
    q = p->next->next;          /* 将 s、r 和 q 初始化 */
    while (q->next != p)        /* 将 s、r 和 q 指向对应的位置 */
    {
        s = s->next;
        q = q->next;
```

```
    }
    q->next = r->nest;      /* 改变结点顺序,将p的前驱结点和后继结点交换 */
    r->next = p;
    p->next = q;
    s->next = r;
}
```

第3章　栈和队列

3.1　试比较栈和队列两种数据类型的异同点。

答:栈和队列是在程序设计中被广泛使用的两种线性数据结构,它们都是操作受限的线性表,数据元素之间的关系都是1∶1,数据元素都为相同的数据类型,都可以采用顺序存储结构或链式存储结构实现。但是栈和队列的操作不同,栈只能在表的一端进行插入和删除,符合"后进先出"的操作规则;而队列必须在表的一端插入,在另外一端删除,符合"先进先出"的操作规则。

3.2　当函数P递归调用自身时,函数P内部定义的局部变量在函数P的2次调用期间是否占用同一数据区?为什么?

答:递归调用时,函数内部定义的局部变量不占用相同的数据区,虽然递归函数执行了相同的代码,但是在单线索的执行过程中,采用活动区来存储了参数、临时变量、函数返回地址等。递归调用时,活动区一般采用栈的形式存储调用序列的函数信息,递归多次调用相同的变量是在栈的不同区域。

3.3　对于输入数据依次为1、2、3的栈操作,已经在栈中的数可以任意时刻输出,试写出所有可能得到的输出序列。

答:假设有2n个不同的数,将进栈和出栈分别记作x和y,一个输出对应了n个x和n个y的排列,且排列的任何前缀中的x的个数不少于y的个数,采用离散数学中非降路径算法可以计算出n个数的不同输出序列格式为C(2n,n)/(n+1),所以3个数的输出序列有5个:1 2 3、1 3 2、2 1 3、2 3 1、3 2 1。

3.4　论述简单的顺序栈的局限性及解决的方法?

答:采用顺序存储结构的栈,必须预先分配固定大小的内存空间。因为顺序栈为静态分配内存,分配过多空间容易造成内存浪费,分配过少容易造成"栈上溢"现象。采用链式存储结构的栈(链栈),可动态分配内存,有效消除存储空间的限制,从而彻底摒弃"栈上溢"错误。

3.5　在四则算术运算表达式中,可以包含圆括号和方括号,而且还允许它们嵌套出现。试编写一个算法实现括号匹配。

分析:算术表达式为字符串,应从左到右扫描字符串,配合栈来完成括号匹配,其过程如下。

(1)从字符串序列中取一个字符,如果字符为"\0",则转至(4);否则,转至(2)。

(2)如果当前字符不为括号,转至(1);否则,转至(3)。

(3)如果栈为空,则将当前括号字符入栈;否则,判断栈顶括号与当前括号是否匹配,若匹配则栈顶元素出栈,若不匹配则将当前括号字符入栈。

(4)如果当前栈为空,则匹配成功;否则,匹配失败。

参考程序如下:

```
bool MatchBrackets( char * pStr)
{
    int i;
    SqStack * S;
    if ( pStr[i] = = '\0')                     /* 如果字符串为空,则返回 */
    {
      return true;
    }
    InitStack (S);                             /* 初始化栈 */
    for (i = 0; pStr[i] ! = '\0'; i+ + )       /* 遍历字符串 */
    {
      /* 判断当前字符是否为括号 */
      if (('(' = = pStr[i] || ')' = = pStr[i]) ||
      ('[' = = pStr[i] || ']' = = pStr[i]) ||
      ('{' = = pStr[i] || '}' = = pStr[i]))
      {
        if ('(' = = pStr[i] || '[' = = pStr[i] || '{' = = pStr[i])
                                               /* 当前字符若为左括号,则入栈 */
        {
          Push(S, pStr[i]);
        }
        else                                   /* 当前字符若与栈顶括号匹配,则出栈 */
        {
          char top = GetTop(&s);
            if ('(' = = top && ')' = = pStr[i] ||
              '[' = = top && ']' = = pStr[i] ||
              '{'= = top && '}' = = pStr[i])
          {
            Pop(S);
          }
        }
      }
    }
    if (! StackEmpty(&s))                      /* 判断栈是否为空 */
      return false;
    else
      return true;
      }
}
```

3.6 编程判断一个字符串是否是回文。回文是指一个字符序列以中间字符为基准两边字符完全相同,如字符序列"ACBDEDBCA"是回文。

分析:判断一个字符串是否是回文,就是把第一个字符与最后一个字符相比较,第二个字符与倒数第二个字符相比较，依此类推，第 i 个字符与第 n－i 个字符相比较。如果每次比较都相等，则为回文；如果某次比较不相等，则不是回文。简单的描述就是，该字符串的顺序串和逆序串相等则为回文字符串。因此，可以把字符串入栈，然后逐个出栈，并比较出栈字符和字符串字符是否相等，若全部相等则该字符序列就是回文，否则就不是回文。

假设输入都是英文字符而没有其他字符，则参考程序如下：

```
bool StrISHuiwen(char * str)
{
    int i;
    char c;
    SqStack * S;
    InitStack(S);
    while(str[i] ! = '\0')                /* 将字符串入栈 */
      Push(S, str[i]);
    i = 0;
    while (! StackEmpty(S))               /* 栈不为空 */
    {
      Pop(S, c);                          /* 弹出栈顶元素，与字符串中对应字符进行比较 */
      if (c ! = str[i+ +])
      {
        DestroyStack(S);
        return false;
      }
    }
      DestroyStack (S);
      return true;
}
```

3.7　将整数的算术四则运算的中缀表达式转为后缀表达式。

分析：中缀表达式符合人们书写的习惯，但是中缀表达式不仅要判断运算符的优先级，而且要处理括号。如果将中缀表达式转换为后缀表达式，再对后缀表达式求值就会变得非常容易。可以在配套教材例 3.4 的优先级关系和优先级函数，以及比较两个运算符优先级的函数 int Precede(char op1，char op2)的基础上编写转换函数 trans(char op1， char po2[])，参数有两个，一个为输入的中缀表达式字符串，另外一个为字符数组，作为转换的输出。

注意：后缀表达式输出时一定要在整数的后面添加一个空格，用于区分不同的整数。

参考程序如下：

```
void trans(char * exp, char postexp[])
{
    struct
    {
      char data[MaxSize];                 /* 存放运算符 */
      int top;                            /* 栈指针 */
    } optrs;                              /* 定义运算符栈 */
```

```
    int i = 0;                              /* i作为postexp的下标 */
    optrs.top = 0;
    optrs.data[optrs.top] = '#';
    optrs.top++;                            /* 将#进栈,作为栈底元素 */
    while (*exp != '\0')                    /* exp为当前字符,没有扫描到#表示没有结束 */
    {
      if (! InOp(*exp))                     /* 数字字符的情况 */
      {
        while (*exp >= '0' && *exp <= '9')  /* 判定为数字 */
        {
      postexp[i++] = *exp;                  /* 将当前数字字符追加到postexp字符数组 */
      exp++;                                /* 取表达式的下一个字符作为当前字符 */
          }
      postexp[i++] = '';         /* 当前字符不为数字字符时,用空格标识一个数值串结束 */
        }
        else                                /* 运算符的情况 */
          switch(Precede(optrs.data[optrs.top - 1], *exp))
          {
          case -1:                          /* 栈顶运算符的优先级低,压到栈内 */
              optrs.data[optrs.top] = *exp;
              optrs.top++;
              exp++;                        /* 继续扫描下一个字符 */
              break;
          case 0:                           /* 括号和#满足这种情况 */
              optrs.top--;                  /* 将(和#退栈 */
              exp++;                        /* 继续扫描下一个字符 */
              break;
          case 1:                           /* 运算符退栈并输出到postexp中 */
              optrs.top--;
              postexp[i++] = optrs.data[optrs.top];
              break;
          }
    }
    postexp[i] = '\0';                      /* 给postexp表达式添加结束标识 */
}
```

3.8 超市结账。假定某超市有 n 个服务窗口,每个窗口有一个收银员。

分析:为了便于模拟处理,顾客入队的时间间隔是 1~4 秒范围内的一个随机数,每位顾客接受服务的时间也是 1~4 秒范围内的一个随机整数。顾客选好商品后,会根据每个服务窗口上的队列长度而选择一个服务窗口排队结账。出队、入队的速度应该平衡好,如果入队的平均速度高于出队的平均速度,那么队列的长度就会无限地增长,即使速度平衡了,由于顾客入队时间间隔和接受服务的时间具有随机性,会造成很长的等待服务队列。为了便于实现,不妨把各个窗口的等待队列看成一个大的等待队列,当某窗口空闲时,排在队首的顾客可以立即去该窗口结账;当到达关门时间时,不再接收新的顾客入队,而服务窗口继续服务直到队列为空。如果一个窗口没有顾客需要服务,那么该窗口的服务员必须等待,以便为新到来的顾客服务。

为了能表示顾客的排队信息,顾客的描述信息中至少应该包括顾客到达时间、顾客要求服务时间和顾客到达的顺序号。顾客的数据结构描述如下:

```
typedef struct
{
    int CustNo;                          /* 顾客到达的顺序号 */
    int ArriveTime;                      /* 顾客到达时间 */
    int ServiceTime;                     /* 顾客要求服务时间 */
} Customer, cust[n];                     /* 顾客的数据结构 */
```

假定有 m 个服务窗口,可用下列算法模拟超市排队结账过程。

(1)初始化。其中包括顾客排队的队列 Q、当前时间变量 curr 和每个窗口的顾客信息 cust[0]~cust[m-1]。

(2)当 curr<DEADTIME 或队列 Q 非空时,重复步骤(3)(4)和(5)。

(3)如果 curr<DEADTIME,那么继续接收顾客进入结账队列。

(4)轮询各个服务窗口,完成如下动作:如果该窗口上的顾客尚未完成结账手续,那么继续结账(服务时间减 interval)。否则,如果顾客队列不空,则依次执行下列动作:让下一位顾客从队列 Q 中出队,为该顾客服务(服务时间减 interval)。

(5)curr += interval(通常,服务时间间隔 interval 设为 1)。

在超市营业时间内,任何时刻都可能有多个顾客要求结账。为了能描述这种情况,模拟程序可以借助随机函数产生一个随机整数,作为该时刻到达的顾客数目。因此,在有效服务时间(curr<DEADTIME)内,接收顾客入队的算法描述如下。

(1)随机产生一个随机整数 NUM,表示该时刻同时到达顾客的数目。

(2)对于每一个新到来的顾客,依次执行下列动作:

①随机生成一个随机整数,作为该顾客的申请服务时间;

②填写该顾客的其他相应信息;

③将该顾客入队。

一个完整地描述超市顾客结账程序的代码如下:

```
#include <stdio.h>
#include <stdlib.h>
#define INTERVAL_ARRIVE 4
#define INTERVAL_SERVICE 5
#define DEADTIME 100
#define WINDOW 4
typedef struct
{
    int CustNo;                          /* 顾客到达的顺序号 */
    int ArriveTime;                      /* 顾客到达时间 */
    int ServiceTime;                     /* 顾客要求服务时间 */
} Customer;
```

```
typedef struct node
{
    /* 队列结点类型定义 */
    Customer data;
    struct node * next;
} LinkQueue;
typedef struct
{
     /* 队列头结点类型定义 */
     LinkQueue * front;                  /* 队列的队首指针 */
     LinkQueue * rear;                   /* 队列的队尾指针 */
} Queue;
/* 初始化队列,生成一个带头结点的空队列 */
void InitQueue( Queue * Q )
{
    Q->front = (LinkQueue * )malloc( sizeof(LinkQueue) );
    Q->front->next = NULL;
    Q->rear = Q->front;
}
/* 判断队列是否为空。如果队列为空,则返回 true;否则,返回 false */
bool IsEmpty( Queue Q )
{
    if( Q.front == Q.rear )
      return true;
    else
      return false;
}
/* 将元素 x 压入队列 Q 中,先申请结点再将其入队 */
void EnQueue( Queue * Q, Customer x )
{
    Q->rear->next = (LinkQueue * )malloc( sizeof(LinkQueue) );
    Q->rear = Q->rear->next;
    Q->rear->data = x;
    Q->rear->next = NULL;
}
/* 将队列 Q 中的队首元素出队 */
Customer DeQueue( Queue * Q )
{
    LinkQueue * p;
    Customer data;
    if( ! IsEmpty( * Q ) ) {             /* 如果队列非空,则返回队首元素 */
      p = Q->front->next;
      Q->front->next = p->next;
```

```
    /* 删除队列中的一个元素后,指针 rear 就悬浮起来了,需要将其调整到正确的状态,即必须使其
    等于 front */
    if( p->next == NULL )
        Q->rear = Q->front;
        data = p->data;
        free(p);
        return data;
  }
}
/* 在每个时间间隔允许顾客入队 */
void GetData(Queue *Q, int currTime)
{
  int NUM = rand() % WINDOW;                /* 在一个时间间隔最多有多少人要求服务 */
  int interval_service;
  static int NO = 0;                        /* 设置静态变量,记住当前要求服务的顾客数目 */
  int k;
  Customer cust;
  for( k = 0; k <NUM; k++ )
  {
    interval_service = rand() % INTERVAL_SERVICE;
    if( interval_service )
    {                                       /* 如果服务时间为 0,则认为无人要求服务 */
      NO++;
      cust.ArriveTime = currTime;
      cust.CustNo = NO;
      cust.ServiceTime = interval_service;
      EnQueue( Q, cust );
    }
  }
}
int main()
{
    Queue Q;
    int interval = 1;                       /* 记录轮询的服务时间间隔 */
    int k, curr = 0;
    Customer cust[WINDOW] = {0,0};          /* 各个窗口正在服务的顾客情况 */
    int services[WINDOW] = {0};             /* 记录各个窗口服务的顾客数 */
    InitQueue( &Q );
    printf( "WINDOW CustomerID arrive service start wait\n" );
    while( ! IsEmpty( Q ) || curr < DEADTIME ) {
            /* 还有顾客要求服务时,各个窗口进行服务 */
      if( curr < DEADTIME )
        GetData( &Q, curr );
```

```
        /* 在规定时间内,允许顾客入队,否则不再接收新顾客 */
        for( k = 0; k < WINDOW; k++ ) {
            /* 各个服务窗口分别为各自的顾客服务 */
          if( cust[k].ServiceTime )
            cust[k].ServiceTime--;
          else if( ! IsEmpty( Q ) ) {
                /* 该服务窗口对一个顾客的服务刚结束,接着为下一个顾客服务 */
              cust[k] = DeQueue( &Q );          /* 新顾客信息 */
              printf( "%6d %10d %6d %7d %5d %4d\n", k,
                cust[k].CustNo, cust[k].ArriveTime,
                cust[k].ServiceTime, curr,
                curr - cust[k].ArriveTime );
            cust[k].ServiceTime--;
            services[k]++;
        }
      }
      curr += interval;
}
printf("\n\n各个服务窗口的服务时间分别为:%d %d %d %d\n",
        services[0], services[1], services[2], services[3] );
}
```

第4章　串、数组和广义表

4.1　空串和空格串有什么区别?

答:空串是指串的长度为0;空格串就是由空格组成的字符串,其长度为串中空格字符的个数。

4.2　两个字符串相等的充要条件是什么?

答:两个字符串相等的充要条件是字符串长度相同且对应位置的字符相同。

4.3　已知主串 s = "xyzxxyyxyzxyxxzyxzyx",模式串 pat = "xyzxyxx"。写出模式串的next函数值,并由此画出KMP算法匹配的全过程。

答:next函数值如图1.4.1所示。

j	1	2	3	4	5	6	7
模式串	x	y	z	x	y	x	x
next[j]	0	1	1	0	2	3	2

图1.4.1　next函数值

KMP算法匹配过程如图1.4.2所示。

4.4　编写程序,实现串的基本运算 Replace(&D,S,T,V)(以V串置换S串中所有和T串相同的子串后构成的一个新串D)。字符串采用定长顺序存储结构,字符串以"\0"表示串值的终结。

分析:首先用i指示串S中当前待置换剩余串起始位置,在S串中扫描子串T的位置,复制S串从i到当前位置的字符到D串中;然后将字符串V复制到D串中,更新i的位置,循环找到所有S串中的子串T;最后将S串中从i开始的剩余字符复制到D串中。

参考程序如下:

```
#define STRMAXSIZE  255                    /* 用户可在255以内定义最大串长 */
typedef struct{
    char str[STRMAXSIZE + 1];
    int length;                            /* 串长 */
} SString;
/* 将B串中自第y个字符起共len个字符复制到A串中第x个字符起的位置 */
SString Copy( SString A, SString B, int x, int y, int len )
{
    inti, j, k;
    SString C;
    for ( i = x, j = y, k = 1; k <= len; i++ , j++ , k++ )
```

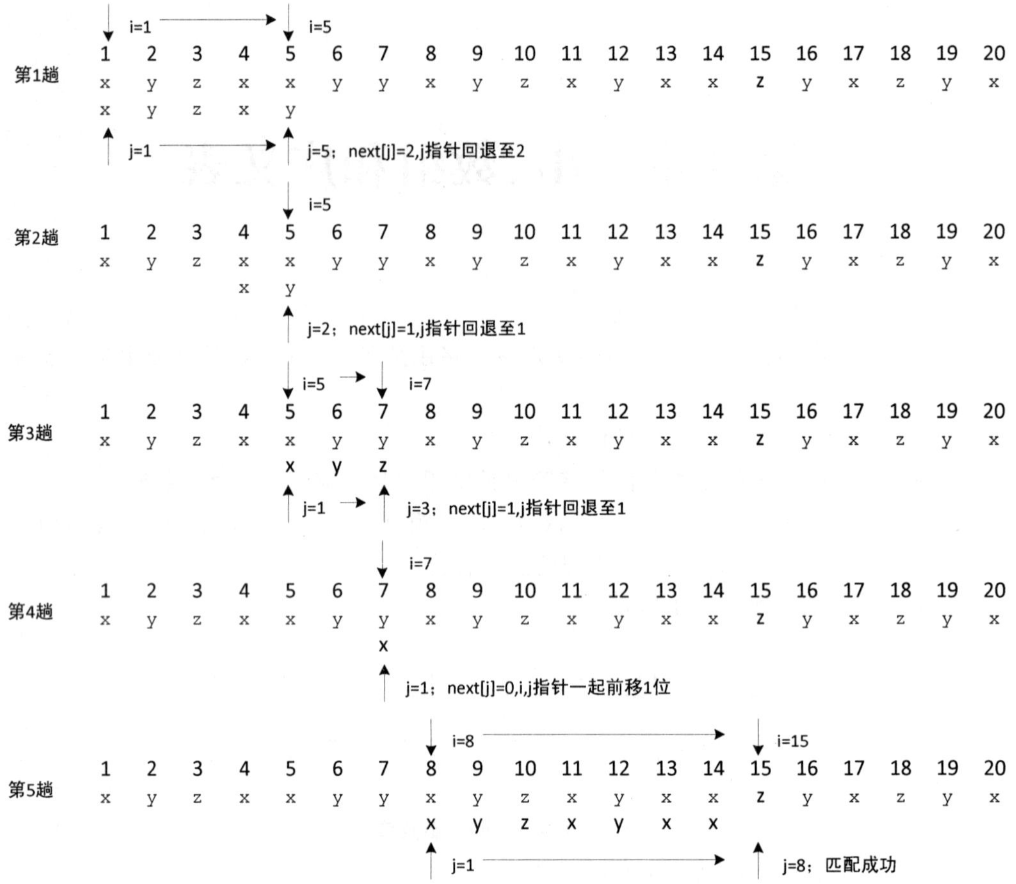

第1趟　i=1 → i=5

1	2	3	4	5	6	7	8	9	10	11	12	13	14	15	16	17	18	19	20
x	y	z	x	x	y	y	x	y	z	x	y	x	x	z	y	x	z	y	x
x	y	z	x	y															

j=1 → j=5；next[j]=2,j指针回退至2

第2趟　i=5

1	2	3	4	5	6	7	8	9	10	11	12	13	14	15	16	17	18	19	20
x	y	z	x	x	y	y	x	y	z	x	y	x	x	z	y	x	z	y	x
			x	y															

j=2；next[j]=1,j指针回退至1

第3趟　i=5 → i=7

1	2	3	4	5	6	7	8	9	10	11	12	13	14	15	16	17	18	19	20
x	y	z	x	x	y	y	x	y	z	x	y	x	x	z	y	x	z	y	x
				x	y	z													

j=1 → j=3；next[j]=1,j指针回退至1

第4趟　i=7

1	2	3	4	5	6	7	8	9	10	11	12	13	14	15	16	17	18	19	20
x	y	z	x	x	y	y	x	y	z	x	y	x	x	z	y	x	z	y	x
						x													

j=1；next[j]=0,i,j指针一起前移1位

第5趟　i=8 → i=15

1	2	3	4	5	6	7	8	9	10	11	12	13	14	15	16	17	18	19	20
x	y	z	x	x	y	y	x	y	z	x	y	x	x	z	y	x	z	y	x
							x	y	z	x	y	x	x						

j=1 → j=8；匹配成功

图 1.4.2　KMP 算法匹配过程

```
        A.str[i] = B.str[j];
    C.length = A.length + len;
    strcpy( C.str, A.str );              /* 将字符串 A 复制到字符串 C */
    return(C);
}
/* 以串 V 替换串 S 中所有和串 T 相同的子串后生成一个新串 D,如果因替换引起存储空间越界,则返回
true,否则返回 false */
bool Replace( SString D, SString S, SString T, SString V )
{
    int slength, tlength, vlength, i, k, q, j;
    bool overflow;
    slength = S.length;                  /* 串 S 的长度 */
    tlength = T.length;                  /* 串 T 的长度 */
    vlength = V.length;                  /* 串 V 的长度 */
    overflow = false;
    i = 0;                               /* 设 i 指示串 S 中当前待置换剩余串起始位置 */
    k = 0;                               /* 设 k 为串 S 中进行模式匹配的活动指针 */
/* 若没有出现存储空间越界,且串 S 中待匹配的字符数大于等于串 T 的长度 */
```

```
while ( ! overflow && slength - k >= tlength )
{
    j = 0;
    printf( "charS = %c\n", S.str[k + j] );
    while ( (j < tlength) && (S.str[k + j] == T.str[j]) )
      j++;
    if ( j < tlength )
      k++;
    else{
      if ( q + k - i + vlength > STRMAXSIZE )
        overflow = true;
    else{
      /* 匹配成功,进行复制和置换,然后修改指针 */
      /* 把串 S 中第 i 个字符起的 k - i 个字符复到串 D 的 q 位置 */
      D = Copy( D, S, D.length, i, k - i );
      /* 把串 V 中第 1 个字符起的 p 个字符复制到串 D 的 q + k - i 位置 */
      D = Copy( D, V, D.length, 0, vlength );
      i = k + tlength;
      k = i; /* 修改串 S 中当前待置换位置的指针和串 D 中的当前指针 */
    }
  }
}
if ( (! overflow) && (i <= slength) && ( (q + slength - i + 1) <= STRMAXSIZE) )
    /* 将串 S 中剩余的字符复制到串 D 中 */
    D = Copy( D, S, D.length, i, slength - i + 1 );
else
    overflow = true;
    return(! overflow);
}
```

4.5　给定整型数组 A[4][5],已知每个元素占 2 个字节,$LOC(a_{00})=1200$,A 共占多少个字节? A 的终端结点 a_{34} 的起始地址为多少? 按行和列优先存储时,a_{24} 的起始地址分别是多少?

答:数组 A 共有 $4*5=20$ 个元素,因此 A 共占 $20*2=40$ 个字节。

A 的终端结点 $Loc(a_{34}) = Loc(a_{00})+(i*n+j)*2=1200+(3*5+4)*2=1238$

按行优先顺序排列时,a_{24} 的起始地址为 $Loc(a_{24})=Loc(a_{00})+(i*n+j)*2=1200+(2*5+4)*2=1228$;按列优先顺序排列时,$a_{24}$ 的起始地址为 $Loc(a_{24})=Loc(a_{24})=Loc(a_{00})+(j*m+i)*2=1200+(4*4+2)*2=1236$。

4.6　设下三角矩阵 $A_{4\times4}$ 为(从 A[0][0]开始)

$$A_{4\times4}=\begin{bmatrix}15 & 0 & 0 & 0\\ -10 & 0 & 0 & 0\\ 21 & 30 & 47 & 0\\ 79 & 0 & 11 & 4\end{bmatrix}$$

$A_{4\times4}$ 采用压缩存储方法存储于一维数组 sa(下标从 0 开始)中,试求:

(1)一维数组 sa 的元素个数;

(2)矩阵元素 a_{32} 在一维数组 sa 中的下标。

答:(1)一维数组 sa 的元素个数 = n(n+1)/2 = 10;

(2)矩阵元素 a_{32} 在一维数组 sa 的下标 = i*(i+1)/2+j = 3*(3+1)/2+2 = 8。

4.7 用十字链表表示一个有 k 个非零元素的 m×n 稀疏矩阵,则其总的结点数为多少?

答:该十字链表有 1 个十字链表表头结点,MAX(m,n)个行列表头结点。另外,每个非 0 元素对应一个结点,所以共有 MAX(m,n)+k+1 个结点。

4.8 已知广义表 A=(apple,(orange,(strawberry,(banana)),peach),pear),给出表的长度与深度,并用求表头、表尾的方式求出原子 banana。

答:banana = Head(Head(Tail(Head(Tail(Head(Tail(A)))))))。

4.9 若矩阵 $A_{m\times n}$ 中存在某个元素 a_{ij} 满足:a_{ij} 是第 i 行中最小值且是第 j 列中的最大值,则称该元素为矩阵 **A** 的一个鞍点。试编写一个算法,找出矩阵 **A** 中的所有鞍点。

分析:求出矩阵 **A** 中每一行的最小值元素,然后判断该元素是否是它所在列中的最大值,如果满足条件则打印出来,接着处理下一行,矩阵 **A** 用一个二维数组表示。

参考程序如下:

```
void saddle (int A[][],int m, int n)          /* m、n 是矩阵 A 的行和列 */
{
    int i, j, min;
    for (i=0;i<m;i++)                         /* 按行处理 */
    {
      min=A[i][0];
      for (j=1; j<n; j++)
      if (A[i][j]<min )
      min=A[i][j];                            /* 找第 i 行的最小值 */
      for (j=0; j<n; j++)                     /* 检测该行中的最小值是否是鞍点 */
      if (A[i][j]==min ){
        k=j;  p=0;
          while (p<m && A[p][j]<min)
          p++;
        if(p>=m) printf("%d,%d,%d\n", i ,k,min);
        }
  }
}
```

4.10 编写复制广义表的递归算法。

分析:任何一个非空的广义表均可分解成表头和表尾。反之,一对确定的表头和表尾可唯一确定一个广义表。复制一个广义表只要分别复制其表头和表尾,然后合成即可。因此,复制广义表的过程就是不断递归复制表头和表尾的过程。

参考程序如下:

```
int CopyGList(GList ls1, GList *ls2)
```

```
{
    if (! ls1)   * ls2 = NULL;                    /* 复制空表 */
    else {
      if (! ( * ls2 = (Glist)malloc(sizeof(Glnode))))
        return 0;                                 /* 建立表结点 */
      ( * ls2) - >tag = ls1 - >tag;
      if (ls1 - >tag = = 0)
        ( * ls2) - >data = ls1 - >data;           /* 复制单元素 */
      else {
        /* 复制广义表 ls1 - >ptr.hp 的一个副本 */
        CopyGList(&(( * ls2) - >ptr.hp), ls1 - >ptr.hp);
        /* 复制广义表 ls1 - >ptr.tp 的一个副本 */
        CopyGList(&(( * ls2) - >ptr.tp) , ls1 - >ptr.tp);
      }
    }
  return 1;
}
```

4.11 稀疏矩阵有哪两种主要的压缩存储方法？它们各有什么特点？

答：稀疏矩阵可采用三元组表存储和十字链表存储两种主要的压缩存储方法。

采用三元组表存储稀疏矩阵可以节省空间，当矩阵非零元素个数 $t << m * n$，对稀疏矩阵进行转置、输入、输出等基本运算也比较方便。但是，采用三元组表存储方式做一些操作（如加法、乘法）时，非零项数目及非零元素的位置会发生变化，这时这种表示就十分不便，十字链表则能有效地解决这个问题。

4.12 对称矩阵和稀疏矩阵中，哪一种矩阵压缩存储后会失去随机存取的功能，为什么？

答：稀疏矩阵采用压缩存储后会失去随机存储的功能。因为在这种矩阵中，非零元素的分布是没有规律的，为了压缩存储，将每一个非零元素的值和它所在的行号、列号作为一个结点存放在一起，这样的结点组成的线性表叫三元组表，它已不是简单的向量，所以无法用下标直接存取矩阵中的元素。

4.13 简述广义表和线性表的区别与联系。

答：线性表是由多个数据元素组成的有限序列，其中每个组成元素被限定为单元素。广义表是线性表的推广，它的组成元素可以是一个单元素，也可以是一个广义表。线性表可以看作广义表在数据元素为单元素时的特殊情况。

第 5 章　树和二叉树

5.1　已知一个度为 3 的树中有 m 个度为 1 的结点，k 个度为 2 的结点，c 个度为 3 的结点，求树的叶子结点数。

答：设该树结点总数为 n，叶子结点总数为 n_0，则有：

$$n = n_0 + m + k + c \qquad \text{(式 1.5.1)}$$

另外，除根结点外，树中其他结点都有双亲结点，且是唯一的，所以，有双亲的结点数为：

$$n - 1 = 0 * n_0 + 1 * m + 2 * k + 3 * c \qquad \text{(式 1.5.2)}$$

联立(式 1.5.1)(式 1.5.2)，解方程组可得叶子数为 $n_0 = k + 2 * c + 1$。

5.2　一棵度为 2 的树与一棵二叉树有什么区别。

答：二叉树是一种重要的树形结构，它的特点是每个结点最多有两棵子树，即二叉树中任何结点的度数不得大于 2。而且二叉树的子树有严格的左右之分，其次序不能颠倒，否则就变成另一棵二叉树了，因此，二叉树可以是空树。而度为 2 的树至少有一个度为 2 的结点，所以不能为空树，而且度为 2 的树的子树的次序可以颠倒。

5.3　已知某二叉树的中序序列和后序序列分别如下。

中序：B F D G A C H E

后序：F G D B H E C A

请完成下列各题。

(1)试画出这棵二叉树的树形表示。

(2)试画出这棵二叉树的顺序存储的示意图。

(3)试画出这棵二叉树的后序线索二叉树的示意图。

答：(1)二叉树的树形表示如图 1.5.1 所示。

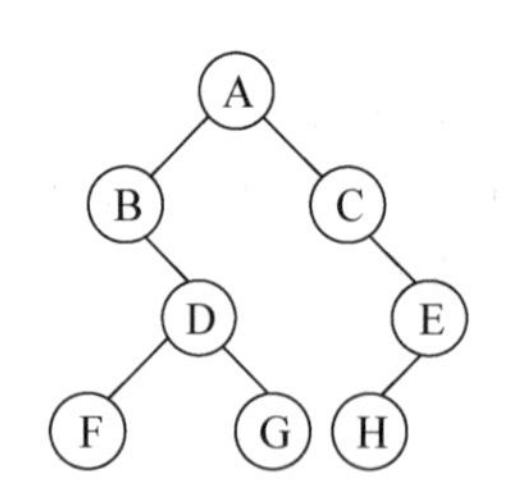

图 1.5.1　二叉树的树形表示

(2)二叉树的顺序存储的示意图如图 1.5.2 所示。

A	B	C	#	D	#	E	#	#	F	G	#	#	H	#
1	2	3	4	5	6	7	8	9	10	11	12	13	14	15

图 1.5.2　二叉树顺序存储示意图

(3)二叉树的后序线索二叉树的示意图如图 1.5.3 所示。

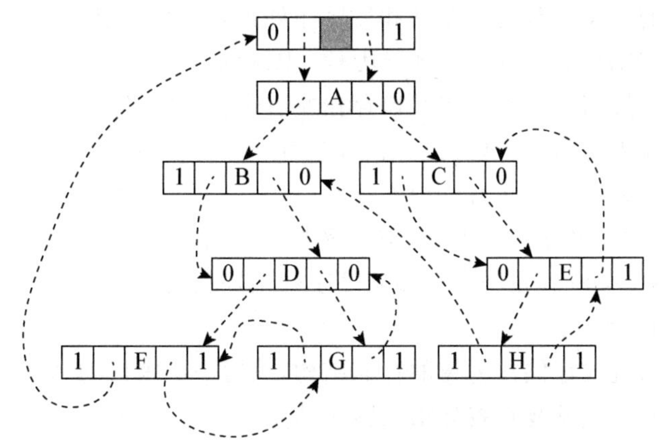

图 1.5.3　后序线索二叉树示意图

5.4　假定用于通信的电文仅由 8 个字符 C_1、C_2、C_3、C_4、C_5、C_6、C_7、C_8 组成，各字符在电文中出现的频率分别为 0.02、0.22、0.06、0.20、0.03、0.10、0.07、0.30，试为这 8 个字符设计哈夫曼编码。

答：该电文的哈夫曼树如图 1.5.4 所示。

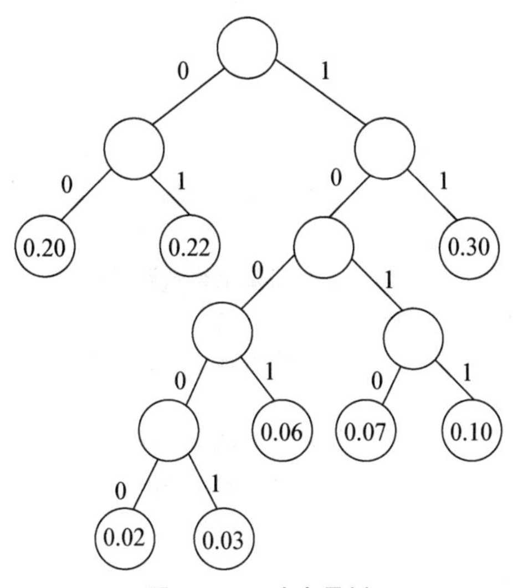

图 1.5.4　哈夫曼树

从哈夫曼树中可以得出哈夫曼编码如下。

C_1 的哈夫曼编码：10000

C_2 的哈夫曼编码：01

C_3 的哈夫曼编码：1001

C_4 的哈夫曼编码：00

C_5 的哈夫曼编码：10001

C_6 的哈夫曼编码：1011

C_7 的哈夫曼编码：1010

C_8 的哈夫曼编码:11

5.5 一棵非空的二叉树其先序序列和后序序列正好相反,试说明这棵二叉树的形状。

答:先序遍历是DLR(根左右),后序遍历是LRD(左右根)。根结点在两个序列中的位置分别在最前和最后,正好相反。如果二叉树存在左右子树,则先序遍历中要先访问左子树的根结点,而后序遍历中要先访问右子树的根结点,左右子树的根结点是不可能相同的。所以要使两个序列相反,那么左或右子树必有一棵不存在,这对于每个结点来说都是相同的,也就是每个结点的度为1或0(叶子结点)。当然,空二叉树的前序与后序序列都为空,也可认为是相反。所以一棵非空的二叉树其先序序列和后序序列正好相反,这样的树要么为空树,要么每个结点的度为1或0(叶子结点)。

5.6 以孩子兄弟链式存储作为树的存储结构,编写一个求树的高度的算法。

分析:通过递归的方式反复查找兄弟的孩子结点。

参考程序如下:

```
typedef struct trnode {
    Elemtypedata;                       /* 存放结点的值 */
    struct lrnode * rchild;             /* 指向孩子结点 */
    struct lrnode * rsibling;           /* 指向兄弟结点 */
} TSBNode;

int TreeHeight( TSBNode * t )
{
    TSBNode * p;
    intm, max = 0;                      /* m 为当前结点高度,max 为树的最大高度 */
    if ( t = = NULL )
      return(0);                        /* 若是空树则返回 0 */
    else if ( t - >rchild = = NULL )
      return(1);                        /* 没有孩子结点时则返回 1 */
    else {
      p = t - >rchild;                  /* 指向第一个孩子结点 */
      while ( p ! = NULL )              /* 从所有孩子结点中找出一个高度最大的孩子结点 */
      {
        m = TreeHeight( p );
        if ( max < m )
          max = m;
        p = p - >rsibling;              /* 继续求其他兄弟的高度 */
      }
    return(m + 1);
  }
}
```

5.7 以二叉链表为存储结构,编写二叉树先序遍历的非递归算法。

分析:二叉树的先序遍历过程是首先访问根结点,然后访问左孩子,最后访问右孩子。在二叉树先序遍历非递归算法中,可借助栈来实现,先将根结点压栈,在栈不为空的时候执行以下循环：让栈顶元素 p 出栈，访问栈顶元素 p，如果 p 的右孩子不为空，则让其右孩子先进栈，如果 p 的左孩子不为空，则再让其左孩子进栈。

参考程序如下：

```
void PreOrderTravel( BTNode *b )
{
    BTNode *St[MaxSize], *p;
    int top = -1;
    if ( b != NULL )
    {
      top++;                                /* 根结点进栈 */
      St[top] = b;
      while ( top > -1 )                    /* 栈不空时循环 */
      {
        p = St[top];                        /* 栈顶元素出栈，并访问该结点 */
        top--;
        printf( "%c", p->data );
        if ( p->rchild != NULL )            /* 右孩子进栈 */
        {
          top++;
          St[top] = p->rchild;
        }
        if ( p->lchild != NULL )            /* 左孩子进栈 */
        {
          top++;
          St[top] = p->lchild;
        }
      }
      printf( "\n" );
  }
}
```

5.8　以二叉链表为存储结构，编写一个算法求二叉树中最大结点的值。

分析：可通过遍历二叉树算法，求出最大结点值。

本算法采用递归先序遍历方法实现，参考程序如下：

```
ElemType MaxNode( BTNode * b ){
    ElemType max = b->data, max1;          /* max 为最大结点值 */
    if ( b != NULL )
    {
      if ( b->lchild == NULL && b->rchild == NULL )
                                            /* 只有一个结点时 */
        return(b->data);
      else {
```

```
        if ( b->data > max )
          max = b->data;
        if ( b->lchild != NULL )
          max1 = MaxNode( b->lchild );      /* 遍历左子树 */
        if ( max1 > max )
          max = max1;
        if ( b->rchild != NULL )
          max1 = MaxNode( b->rchild );      /* 遍历右子树 */
        if ( max1 > max )
          max = max1;                       /* 求最大值 */
        return(max);                        /* 返回最大值 */
      }
    }
}
```

5.9 以二叉链表为存储结构,编写一个算法返回 data 域为 x 的结点指针。

分析:可通过遍历二叉树算法查找该结点指针。

本算法采用递归先序遍历方法实现,参考程序如下:

```
BTNode *FindNode( BTNode *b, ElemType x )
{
    BTNode *p;
    if ( b == NULL )
      return(NULL);
    else if ( b->data == x )
      return(b);
    else {
      p = FindNode( b->lchild, x );
      if ( p != NULL )
        return(p);
      else
        return(FindNode( b->rchild, x ));
    }
}
```

5.10 以二叉链表为存储结构,编写求二叉树宽度的算法。二叉树宽度是指在二叉树的各层上,结点数最多的那一层上的结点总数。

分析:求二叉树的宽度算法分为递归算法和非递归算法,本算法采用非递归算法实现。算法借助二叉树层次遍历思想,利用队列保存每一层的结点,用 max 存放层的最大结点数。

参考程序如下:

```
int BTWidth(BTNode *b) {                    /* 求二叉树 b 的宽度 */
    struct {
      int lno;                              /* 结点的层次编号 */
      BTNode *p;                            /* 结点指针 */
```

```
    } Qu[MaxSize];                       /* 定义顺序非循环队列 */
    int front,rear;                      /* 定义队首和队尾指针 */
    int lnum,max,i,n;
    front = rear = 0;                    /* 置队列为空队 */
    if (b! = NULL) {
      rear + + ;
      Qu[rear].p = b;                    /* 根结点指针入队 */
      Qu[rear].lno = 1;                  /* 根结点的层次编号为 1 */
      while (rear! = front) {            /* 队列不为空 */
        front + + ;
        b = Qu[front].p;                 /* 队头出队 */
        lnum = Qu[front].lno;
        if (b->lchild! = NULL) {         /* 左孩子入队 */
          rear + + ;
          Qu[rear].p = b->lchild;
          Qu[rear].lno = lnum + 1;
        }
        if (b->rchild! = NULL) {         /* 右孩子入队 */
          rear + + ;
          Qu[rear].p = b->rchild;
          Qu[rear].lno = lnum + 1;
        }
      }
      max = 0;
      lnum = 1;
      i = 1;
      while (i< = rear) {
        n = 0;
        while (i< = rear && Qu[i].lno = = lnum) {
          n + + ;
          i + + ;
      }
      lnum = Qu[i].lno;
      if (n>max) max = n;
    }
    return max;
} else
    return 0;
}
```

第6章　图

6.1　(1)如果 G_1 是一个具有 n 个顶点的连通无向图,那么 G_1 最多有多少条边? G_1 最少有多少条边?

(2)如果 G_2 是一个具有 n 个顶点的强连通有向图,那么 G_2 最多有多少条边? G_2 最少有多少条边?

答:(1)G_1 最多有 $n(n-1)/2$ 条边,最少有 $n-1$ 条边。

(2) G_2 最多有 $n(n-1)$条边,最少有 n 条边。

6.2　用邻接矩阵表示图时,矩阵元素的个数与顶点个数是否相关? 与边的条数是否有关?

答:设图的顶点个数为 $n(n\geqslant 0)$,则邻接矩阵元素个数为 n^2,即顶点个数的平方,与边的条数无关。

6.3　简述图的邻接矩阵、邻接表、十字链表表示法的优缺点。

答:邻接矩阵表示法中,有 n 个顶点的图占用 n^2 个元素的存储单元,与边的条数无关,当边条数较少时,存储效率较低。这种结构下,对查找结点的度、第一邻接点和下一邻接点、两结点间是否有边的操作有利,对插入和删除顶点的操作不利。

邻接表表示法是顶点的向量结构与顶点的邻接点的链式存储结构相结合的结构,顶点的向量结构含有 $n(n\geqslant 0)$个顶点和指向各顶点第一邻接点的指针,其顶点的邻接点的链式存储结构是根据顶点的邻接点的实际设计的。这种结构适合查找顶点及邻接点的信息,查顶点的度、增加或删除顶点和边(弧)也很方便,但因指针多造成占用较多存储空间,另外,某两顶点间是否有边(弧)也不如邻接矩阵那么清楚。对有向图的邻接表,查顶点出度容易,而查顶点入度却很困难,要遍历整个邻接表。如果希望查入度像查出度那样容易,就要建立逆邻接表。无向图邻接表中边结点是边数的两倍,增加了存储量。

十字链表是有向图的另一种存储结构,将邻接表和逆邻接表结合到一起,弧结点也增加了信息(至少包含弧尾、弧头顶点在向量中的下标,以及从弧尾顶点发出入到弧头顶点的下一条弧的四个信息)。查询顶点的出度、入度、邻接点等信息非常方便。

6.4　已知图的邻接矩阵为:

	V_1	V_2	V_3	V_4	V_5	V_6	V_7	V_8	V_9	V_{10}
V_1	0	1	1	1	0	0	0	0	0	0
V_2	0	0	0	1	1	0	0	0	0	0
V_3	0	0	0	1	0	1	0	0	0	0
V_4	0	0	0	0	0	1	1	0	1	0
V_5	0	0	0	0	0	0	1	0	0	0

V_6	0	0	0	0	0	0	0	1	1	0
V_7	0	0	0	0	0	0	0	0	1	0
V_8	0	0	0	0	0	0	0	0	0	1
V_9	0	0	0	0	0	0	0	0	0	1
V_{10}	0	0	0	0	0	0	0	0	0	0

(1)设邻接表按序号从大到小排序，画出该图的邻接表存储结构；

(2)以顶点 V_1 为出发点，写出该图的深度优先遍历序列；

(3)以顶点 V_1 为出发点，写出该图的广度优先遍历序列；

(4)写出该图的拓扑序列。

答：(1)该图的邻接表存储结构如图 1.6.1 所示。

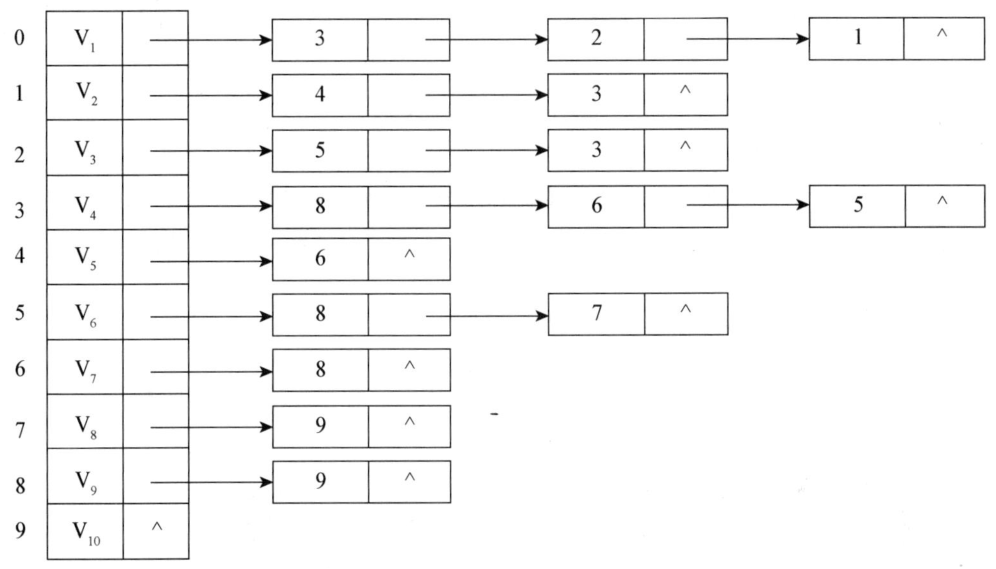

图 1.6.1　邻接表存储结构

(2) V_1 V_4 V_9 V_{10} V_7 V_6 V_8 V_3 V_2 V_5。

(3) V_1 V_4 V_3 V_2 V_9 V_7 V_6 V_5 V_{10} V_8。

(4) V_1 V_2 V_5 V_3 V_4 V_6 V_7 V_8 V_9 V_{10}(答案不唯一)。

6.5　对于如图 1.6.2 所示的带权无向图，给出利用普里姆算法(从顶点 A 开始构造)和克鲁斯卡尔算法构造出的最小生成树的过程。

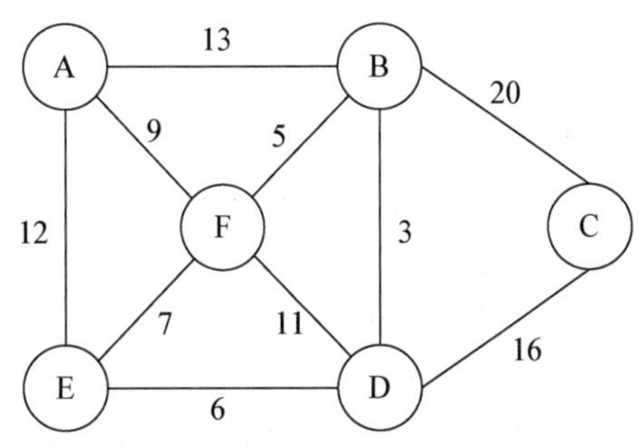

图 1.6.2　带权无向图

答:普里姆算法构造最小生成树的过程如图 1.6.3 所示;克鲁斯卡尔算法构造最小生成树的过程如图 1.6.4 所示。

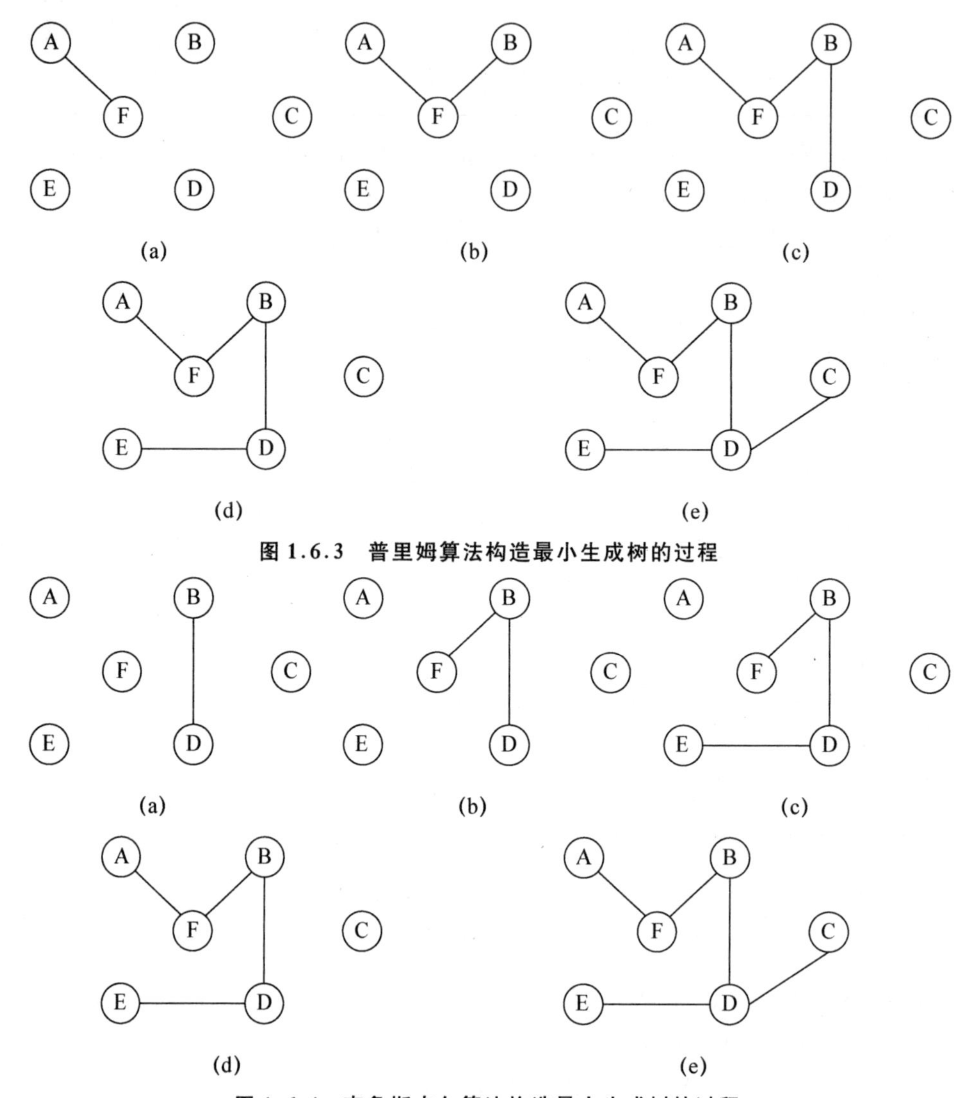

图 1.6.3 普里姆算法构造最小生成树的过程

图 1.6.4 克鲁斯卡尔算法构造最小生成树的过程

6.6 对于如图 1.6.5 所示的带权有向图,采用狄克斯特拉算法求出从顶点 0 到其他各顶点的最短路径及其长度。

答:采用狄克斯特拉算法求出从顶点 0 到其他各顶点的最短路径及其长度如下。

从 0 到 1 的最短路径长度为 1,路径为 0,1。

从 0 到 2 的最短路径长度为 4,路径为 0,1,2。

从 0 到 3 的最短路径长度为 2,路径为 0,3。

从 0 到 4 的最短路径长度为 8,路径为 0,1,4。

从 0 到 5 的最短路径长度为 10,路径为 0,3,5。

6.7 表 1.6.1 给出了某工程各工序之间的优先关系和各工序所需时间。

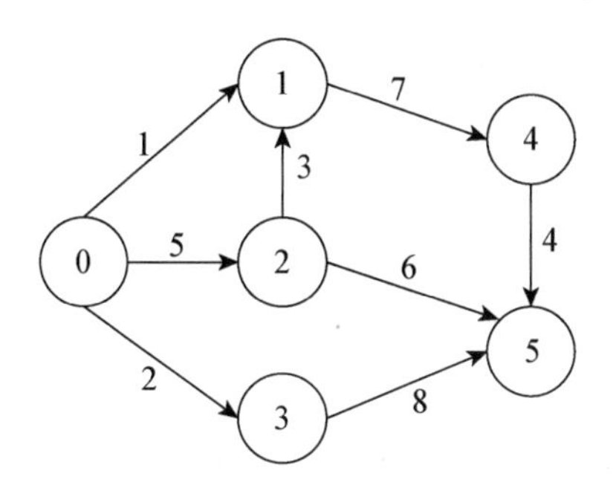

图 1.6.5　带权有向图

(1)画出相应的 AOE 网;

(2)列出各事件的最早发生时间和最迟发生时间;

(3)找出关键路径并指明完成该工程所需最短时间。

表 1.6.1　某工程各工序之间的优先关系和各工序所需时间

工序代号	A	B	C	D	E	F	G	H	I	J	K	L	M	N
所需时间	15	10	50	8	15	40	300	15	120	60	15	30	20	40
先驱工作	—	—	A,B	B	C,D	B	E	G	E	I	F,I	H,J,K	L	G

答:(1)AOE 网如图 1.6.6 所示。

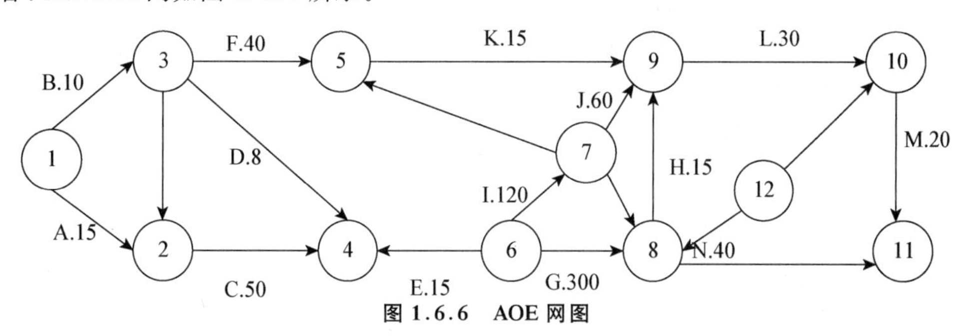

图 1.6.6　AOE 网图

图 1.6.6 中,虚线表示前后工序之间在时间上仅是顺序关系,不存在依赖关系;顶点表示事件,弧代表活动,弧上的权代表活动持续时间;顶点 1 表示工程开始时间,顶点 11 表示工程结束时间。

(2)各事件的最早发生时间和最迟发生时间如表 1.6.2 所示。

表 1.6.2　各事件的最早发生时间和最迟发生时间

事件	1	2	3	4	5	6	7	8	9	10	11	12
最早发生时间	0	15	10	65	50	80	200	380	395	425	445	420
最迟发生时间	0	15	57	65	380	80	335	380	395	425	445	425

(3)关键路径为顶点序列 1-2-4-6-8-9-10-11,事件序列 A-C-E-G-H-L-M。完成工程所需的最短时间为 445。

6.8　假设图 G 采用邻接表存储,编写一个算法输出邻接表。

分析:直接利用图的邻接表结构来输出图 G 的邻接表。

参考程序如下:

```
void DispAdj( ALGraph *G )
```

```
{
    int i;
    ArcNode *p;
    printf( "邻接表:\n" );
    for ( i = 0; i < G->n; i++ )
    {
      p = G->adjlist[i].firstarc;
      printf( "%2d: ", i );
      while ( p != NULL )
      {
        printf( "%2d", p->adjvex );
        p = p->nextarc;
      }
      printf( "\n" );
    }
}
```

6.9 假设图 G 采用邻接表存储，分别设计实现以下要求的算法：

(1)求出图 G 中每个顶点的出度；

(2)求出图 G 中出度最大的一个顶点，输出该顶点编号；

(3)计算图 G 中出度为 0 的顶点数；

(4)判断图 G 中是否存在边<i, j>。

分析：实现(1)(2)(3)和(4)要求的函数分别是 OutDs()、MaxOutDs()、ZeroDs()和 Arc()。

参考程序如下：

```
/* 求出图 G 中顶点 v 的出度 */
int OutDegree( ALGraph *G, int v )
{
    ArcNode *p;
    int n = 0;
    p = G->adjlist[v].firstarc;
    while ( p != NULL )
    {
      n++;
      p = p->nextarc;
    }
    return(n);
}

/* 求出图 G 中每个顶点的出度 */
void OutDs( ALGraph *G )
{
```

```
    int i;
    printf( "(1)各顶点出度:\n" );
    for ( i = 0; i < G->n; i++ )
      printf( "顶点%d:%d\n", i, OutDegree( G, i ) );
}

/* 求出图G中出度最大的一个顶点,输出该顶点编号 */
void MaxOutDs( ALGraph *G )
{
    int maxv = 0, maxds = 0, i, x;
    for ( i = 0; i < G->n; i++ )
    {
      x = OutDegree( G, i );
      if ( x > maxds )
      {
        maxds = x;
        maxv = i;
      }
    }
    printf( "(2)最大出度:顶点%d的出度=%d\n", maxv, maxds );
}

/* 计算图G中出度为0的顶点数 */
void ZeroDs( ALGraph *G )
{
    int i, x;
    printf( "(3)出度为0的顶点:" );
    for ( i = 0; i < G->n; i++ )
    {
      x = OutDegree( G, i );
      if ( x == 0 )
        printf( "%2d", i );
    }
    printf( "\n" );
}

/* 判断图G中是否存在边<i, j> */
void Arc( ALGraph *G )
{
    inti, j;
    ArcNode *p;
    printf( "(4)输入边:" );
    scanf( "%d%d", &i, &j );
```

```
    p = G->adjlist[i].firstarc;
    while ( p != NULL && p->adjvex != j )
      p = p->nextarc;
    if ( p == NULL )
      printf( "不存在" );
    else
      printf( "存在" );
    printf( "<%d, %d>边\n", i, j );
}
```

6.10 假设图采用邻接表存储结构,编写一个实现连通图的深度优先搜索非递归算法。

分析:图 G 以邻接表为存储结构,利用栈 stack 保存待访问结点,top 为其栈指针,v 为顶点编号,visited[]是一个全局数组,初始值全为 0,表示所有的顶点均未被访问过。

参考程序如下:

```
int visited[MAXV];
void DFS( ALGraph *G, int v )
{
    ALGraph *stack[MAXV];
    ArcNode *p = NULL;
    visited[v] = 1;                         /* 置已访问的标记 */
    printf("%d ", v );                      /* 输出被访问顶点的编号 */
    top = 0;
    p = G->adjlist[v].firstarc;             /* p指向顶点v的第一条边的头结点 */
    stack[++top] = p;
    while ( top > 0 || p != null )
    {
        while ( p )
          if ( p && visited[p->adjvex] )
            p = p->next;
          else {
            printf( p->adjvex );
            visited[p->adjvex] = 1;
            stack[++top] = p;
            p = G->adjlist[p->adjvex].firstarc;
          }
        if ( top > 0 )
        {
          p = stack[top--];
          p = p->next;
        }
    }
}
```

第7章　查找

7.1　对于两个大小相同的顺序查找表 T1 和 T2，T1 是有序的，T2 是无序的，那么就下面三种情形，比较两表在等概率情况下的平均查找长度。

(1)查找不成功。

(2)查找成功，假定查找表的关键字是唯一的。

(3)查找成功，假定查找表的关键字不唯一，要求一次找出所有满足条件的记录。

答：假设顺序查找表 T1 和 T2 的长度均为 n，则可以得出三种情形下的平均查找长度如下。

(1)平均查找长度不同，T1 为 n+1，T2 为(n+1)/2。

(2)平均查找长度相同，T1 和 T2 均为(n+1)/2。

(3)平均查找长度不相同，对于有序表 T1，找到了第一个与关键字相同的元素后，继续找到与关键字不同的元素即可停止查找；对于无序表 T2，则要一直查找到最后一个元素。

7.2　如果插入序列是有序的，那么一个二叉查找树呈现出什么样的性质，为什么会这样？对于 AVL 树，这种情况会不会发生？为什么？

答：如果插入序列是有序的，那么一个二叉查找树会成为斜二叉树，因为后面的每个元素都比之前的大或者小，只能一直向一边插入。对于 AVL 树，这个情况则不会发生，因为 AVL 树始终要保持左右子树深度差不超过 1。

7.3　何谓哈希冲突？何谓冲突处理？

答：对于不同的关键字，由于哈希函数值相同，因而被映射到哈希表中的同一位置，这种现象称为哈希冲突；在关键字发生哈希冲突时，将其映射至另一个内存位置，称为冲突处理。

7.4　设计一个算法，输出在顺序表{3,6,2,10,1,8,5,7,4,9}中采用顺序方法查找关键字 5 的过程。

分析：通过顺序遍历表的方式查找。

参考程序如下：

```
#include <stdio.h>
#define MAXL 100                         /* 定义表中最多记录个数 */
typedef int KeyType;
typedef char InfoType[10];

typedef struct {
    KeyType key;                         /* KeyType 为关键字的数据类型 */
    InfoTypedata;                        /* 其他数据 */
} NodeType;
```

```
typedef NodeType SeqList[MAXL];              /* 顺序表类型 */
/* 顺序查找算法 */
int SeqSearch( SeqList R, int n, KeyType k )
{
      int i = 0;
      while ( i < n && R[i].key ! = k )
      {
        printf( "%d ", R[i].key );
        i++;                                 /* 从表头往后找 */
      }
      if ( i >= n )
        return(-1);
      else {
        printf( "%d", R[i].key );
        return(i);
      }
}

int main()
{
    SeqList R;
    int n = 10, i;
    KeyType k = 5;
    int a[] = { 3, 6, 2, 10, 1, 8, 5, 7, 4, 9 };
    for ( i = 0; i < n; i++ )                /* 建立顺序表 */
      R[i].key = a[i];
    printf( "关键字序列:" );
    for ( i = 0; i < n; i++ )
      printf( "%d ", R[i].key );
    printf( "\n" );
    printf( "查找%d所比较的关键字:\n\t", k );
    if ( (i = SeqSearch( R, n, k ) ) ! = -1 )
      printf( "\n元素%d的位置是%d\n", k, i );
    else
      printf( "\n元素%d不在表中\n", k );
    printf( "\n" );
}
```

7.5 设计一个算法,输出在顺序表{1,2,3,4,5,6,7,8,9,10}中采用二分查找法查找关键字9的过程。

参考程序如下:

```
#include <stdio.h>
#define MAXL 100                             /* 定义表中最多记录个数 */
```

```
typedef int KeyType;
typedef char InfoType[10];
typedef struct {
    KeyType key;                          /* KeyType 为关键字的数据类型 */
    InfoTypedata;                         /* 其他数据 */
} NodeType;
typedef NodeType SeqList[MAXL];           /* 顺序表类型 */

/* 二分查找算法 */
int BinSearch( SeqList R, int n, KeyType k )
{
    int low = 0, high = n - 1, mid, count = 0;
    while ( low <= high )
    {
      mid = (low + high) / 2;
      printf( "第%d次比较:在[%d,%d]中比较元素 R[%d]:%d\n", ++count, low, high, mid, R
[mid].key );
      if ( R[mid].key == k )              /* 查找成功返回 */
        return(mid);
      if ( R[mid].key > k )               /* 继续在 R[low…(mid-1)]中查找 */
        high = mid - 1;
      else
        low = mid + 1;                    /* 继续在 R[(mid+1)…high]中查找 */
    }
    return(-1);
}

int main()
{
    SeqList R;
    KeyType k = 9;
    int a[] = { 1, 2, 3, 4, 5, 6, 7, 8, 9, 10 }, i, n = 10;
    for ( i = 0; i < n; i++ )             /* 建立顺序表 */
      R[i].key = a[i];
    printf( "关键字序列:" );
    for ( i = 0; i < n; i++ )
      printf( "%d ", R[i].key );
    printf( "\n" );
    printf( "查找%d的比较过程如下:\n", k );
    if ( (i = BinSearch( R, n, k ) ) != -1 )
      printf( "元素%d的位置是%d\n", k, i );
    else
      printf( "元素%d不在表中\n", k );
}
```

7.6　设计一个算法，输出在顺序表{8,14,6,9,10,22,34,18,19,31,40,38,54,66,46,71,78,68,80,85,100,94,88,96,87}中采用分块查找法查找（每块的块长为5，共有5块）关键字46的过程。

分析：为提高算法执行效率，在块中采用二分查找算法进行关键字查找。

参考程序如下：

```
#include <stdio.h>
#define MAXL 100                        /* 定义表中最多记录个数 */
#define MAXI 20                         /* 定义索引表的最大长度 */
typedef int KeyType;
typedef char InfoType[10];
typedef struct {
    KeyType key;                        /* KeyType为关键字的数据类型 */
    InfoTypedata;                       /* 其他数据 */
} NodeType;
typedef NodeType SeqList[MAXL];         /* 顺序表类型 */
typedef struct {
    KeyType key;                        /* KeyType为关键字的类型 */
    int link;                           /* 指向分块的起始下标 */
} IdxType;
typedef IdxType IDX[MAXI];              /* 索引表类型 */

/* 分块查找算法，其中m为块数，n为总记录数 */
int IdxSearch( IDX I, int m, SeqList R, int n, KeyType k )
{
    int low = 0, high = m - 1, mid, i, count1 = 0, count2 = 0;
                                        /* count1为在索引中查找次数 */
    int b= n / m;                       /* b为每块的记录个数 */
    printf( "二分查找\n" );
    /* 在索引表中进行二分查找，找到的位置存放在low中 */
    while ( low <= high )
    {
      mid = (low + high) / 2;
      printf( "第%d次比较：在[%d,%d]中比较元素R[%d]：%d\n", count1 + 1, low, high, mid, R
[mid].key );
      if ( I[mid].key >= k )
        high = mid - 1;
      else
        low = mid + 1;
      count1++;                         /* 累计索引表中的比较次数 */
    }
    /* 在索引表中查找成功后，再在线性表中进行顺序查找 */
```

```
    if ( low < m )
    {
        printf( "比较 % d 次,在第 % d 块中查找元素 % d\n", count1, low, k );
        i = I[low].link;
        printf( "顺序查找:\n" );
        while ( i <= I[low].link + b - 1 && R[i].key != k )
        {
          i++;
          count2++;
          printf( " % d ", R[i].key );
        }                                         /* count2 累计顺序表对应块中的比较次数 */
        printf( "\n" );
        printf( "比较 % d 次,在顺序表中查找元素 % d\n", count2, k );
        if ( i <= I[low].link + b - 1 )
          return(i);
        else
          return( - 1);
        }
        return( - 1);
    }
    int main()
    {
        SeqList R;
        KeyType k = 46;
        IDXI;
        int a[] = { 8, 14, 6, 9, 10, 22, 34, 18, 19, 31, 40, 38, 54, 66, 46, 71, 78, 68, 80, 85, 100,
94, 88, 96, 87 }, i;
        for ( i = 0; i < 25; i++ )              /* 建立顺序表 */
        R[i].key = a[i];
        I[0].key = 14;
        I[0].link = 0;
        I[1].key = 34;
        I[1].link = 5;
        I[2].key = 66;
        I[2].link = 10;
        I[3].key = 85;
        I[3].link = 15;
        I[4].key = 100;
        I[4].link= 20;
        if ( (i = IdxSearch( I, 5, R, 25, k ) ) != -1 )
          printf( "元素 % d 的位置是 % d\n", k, i );
        else
          printf( "元素 % d 不在表中\n", k );
```

```
    printf( "\n" );
}
```

7.7 设计一个算法实现二叉排序树的基本运算,并在此基础上完成如下功能。

(1)由{4,9,0,1,8,6,3,5,2,7}创建一棵二叉排序 bt 并以括号表示法输出。

(2)判断 bt 是否为一棵二叉排序树。

(3)采用递归和非递归两种方法查找关键字 6 的结点,并输出其查找路径。

(4)分别删除 bt 中关键字为 4 和 5 的结点,并输出删除后的二叉排序树。

参考程序如下:

```
#include <stdio.h>
#include <malloc.h>
#define MaxSize 100
typedef int KeyType;                          /* 定义关键字类型 */
typedef char InfoType;
typedef struct node {                         /* 记录类型 */
    KeyType key;                              /* 关键字项 */
    InfoType data;                            /* 其他数据域 */
    struct node *lchild, *rchild;             /* 左右孩子指针 */
} BSTNode;
int path[MaxSize];                            /* 全局变量,用于存放路径 */
void DispBST( BSTNode *b );                   /* 函数说明 */

/* 在以*p为根结点的BST中插入一个关键字为k的结点 */
int InsertBST( BSTNode * &p, KeyType k )
{
      if ( p == NULL )                        /* 原树为空, 新插入的记录为根结点 */
      {
        p = (BSTNode *) malloc( sizeof(BSTNode) );
        p->key = k;
        p->lchild= p->rchild = NULL;
        return(1);
      } else if ( k == p->key )
        return(0);
      else if ( k < p->key )
        return(InsertBST( p->lchild, k ));   /* 插入到*p的左子树中 */
      else
        return(InsertBST( p->rchild, k ));   /* 插入到*p的右子树中 */
}

/* 由数组A中的关键字建立一棵二叉排序树 */
BSTNode *CreatBST( KeyType A[], int n )
{
    BSTNode *bt= NULL;                        /* 初始时bt为空树 */
```

```
    int i = 0;
    while ( i < n )
      if ( InsertBST( bt, A[i] ) == 1 )         /* 将 A[i]插入二叉排序树 T 中 */
      {
        printf( "第%d步,插入%d:", i + 1, A[i] );
        DispBST( bt );
        printf( "\n" );
        i++;
      }
    return(bt);                                 /* 返回建立的二叉排序树的根指针 */
}

/* 当被删除的*p结点有左右子树时的删除过程 */
void Delete1( BSTNode *p, BSTNode * &r )
{
    BSTNode *q;
    if ( r->rchild != NULL )
      Delete1( p, r->rchild );                  /* 递归找最右下结点 */
    else {                                      /* 找到了最右下结点*r */
    p->key = r->key;                            /* 将*r的关键字值赋给*p */
    q = r;
    r = r->lchild;              /* 将*r的双亲结点的右孩子结点改为*r的左孩子结点 */
    free( q );                                  /* 释放原*r的空间 */
  }
}

/* 从二叉排序树中删除*p结点 */
void Delete( BSTNode * &p )
{
    BSTNode *q;
    if ( p->rchild == NULL )                    /* *p结点没有右子树的情况 */
    {
      q = p;
      p = p->lchild;
      free( q );
    } else if ( p->lchild == NULL )             /* *p结点没有左子树的情况 */
    {
      q = p;
      p = p->rchild;
      free( q );
    } else Delete1( p, p->lchild );             /* *p结点既有左子树又有右子树的情况 */
}
/* 在bt中删除关键字为k的结点 */
```

```
int DeleteBST( BSTNode * &bt, KeyType k )
{
    if ( bt = = NULL )
    return(0);                              /* 空树删除失败 */
    else {
      if ( k < bt - >key )
        return(DeleteBST( bt - >lchild, k ) );
                                            /* 递归在左子树中删除关键字为k的结点 */
      else if ( k > bt - >key )
        return(DeleteBST( bt - >rchild, k ) );
                                            /* 递归在右子树中删除关键字为k的结点 */
      else {                                /* k = bt - >key 的情况 */
        Delete( bt );                       /* 调用 Delete(bt)函数删除 * bt */
        return(1);
      }
    }
}

/* 以非递归方式输出从根结点到查找到的结点的路径 */
void SearchBST1( BSTNode * bt, KeyType k)
{
    BSTNode * stack[MaxSize], * p;
    int top;
    if(bt! = NULL)
    {
      top = 1;
      stack[top] = bt;                      /* 根结点入栈 */
      while(top>0)                          /* 栈不为空时循环 */
      {
        p = stack[top];
        top - - ;
        if(p - >key = = k)
          break;
        else
          printf(" %d ",p - >key);
        if(p - >rchild! = NULL && p - >rchild - >key > k)  /* 右孩子入栈 */
        {
          top + + ;
          stack[top] = p - >rchild;
        }
        if(p - >lchild! = NULL && p - >lchild - >key > k)  /* 左孩子入栈 */
        {
          top + + ;
```

```
            stack[top] = p->lchild;
        }
    }
}

/* 以递归方式输出从根结点到查找到的结点的路径 */
int SearchBST2( BSTNode *bt, KeyType k )
{
    if ( bt == NULL )
      return(0);
    else if ( k == bt->key )
    {
      printf( "%3d", bt->key );
      return(1);
    } else if ( k < bt->key )
      SearchBST2( bt->lchild, k );                /* 在左子树中递归查找 */
    else
      SearchBST2( bt->rchild, k );                /* 在右子树中递归查找 */
    printf( "%3d", bt->key );
}

/* 以括号表示法输出二叉排序树 bt */
void DispBST( BSTNode *bt )
{
    if ( bt != NULL )
    {
      printf( "%d", bt->key );
      if ( bt->lchild != NULL || bt->rchild != NULL )
      {
        printf( "(" );
        DispBST( bt->lchild );
        if ( bt->rchild != NULL )
          printf( "," );
        DispBST( bt->rchild );
        printf( ")" );
      }
    }
}
/* predt 为全局变量,保存当前结点中序前趋的值,初值为-∞ */
KeyType predt = -32767;
int JudgeBST( BSTNode *bt )                     /* 判断 bt 是否为 BST */
{
    int b1, b2;
```

```
    if ( bt = = NULL )
      return(1);
    else {
      b1 = JudgeBST( bt - >lchild );
      if ( b1 = = 0 || predt > = bt - >key )
        return(0);
      predt = bt - >key;
      b2 = JudgeBST( bt - >rchild );
      return(b2);
    }
}

int main()
{
    BSTNode * bt;
    KeyType k = 6;
    int a[] = { 4, 9, 0, 1, 8, 6, 3, 5, 2, 7 }, n = 10;
    printf( "创建一棵 BST 树:" );
    printf( "\n" );
    bt = CreatBST( a, n );
    printf( "BST:" );
    DispBST( bt );
    printf( "\n" );
    printf( "bt % s\n", (JudgeBST( bt ) ? "是一棵 BST" : "不是一棵 BST") );
    printf( "查找 % d 关键字(递归,顺序):", k );
    SearchBST1( bt, k, path, - 1 );
    printf( "查找 % d 关键字(非递归,逆序):", k );
    SearchBST2( bt, k );
    printf( "\n 删除操作:\n" );
    printf( "原 BST:" );
    DispBST( bt );
    printf( "\n" );
    printf( "删除结点 4:" );
    DeleteBST( bt, 4 );
    DispBST( bt );
    printf( "\n" );
    printf( "删除结点 5:" );
    DeleteBST( bt, 5 );
    DispBST( bt );
    printf( "\n" );
}
```

7.8　设计一个算法读入一个字符串,统计该字符串中出现的字符及其次数,然后输出结果。要求用一个二叉树来保存处理结果，字符串中每个不同的字符用树描述，每个结点包含 4 个域，内容如下。

(1)字符。

(2)该字符的出现次数。

(3)指向 ASCII 码小于该字符的左子树指针。

(4)指向 ASCII 码大于该字符的左子树指针。

参考程序如下：

```
#include <stdio.h>
#include <string.h>
#include <malloc.h>
#define MAXWORD 100
typedef struct tnode {
    char ch;                                      /* 字符 */
    int count;                                    /* 出现次数 */
    struct tnode *lchild, *rchild;
} BTree;

/* 采用递归构造一棵二叉排序树 */
void CreaTree( BTree * &p, char c )
{
    if ( p == NULL )                              /* p为 NULL,则建立一个新结点 */
    {
      p = (BTree *) malloc( sizeof(BTree) );
      p->ch = c;
      p->count = 1;
      p->lchild = p->rchild = NULL;
    } else if ( c == p->ch )
      p->count++;
    else if ( c < p->ch )
      CreaTree( p->lchild, c );
    else
      CreaTree( p->rchild, c );
}

void InOrder( BTree *p )                          /* 中序遍历 BST */
{
    if ( p != NULL )
    {
      InOrder( p->lchild );                       /* 中序遍历左子树 */
      printf( "%c(%d)\n", p->ch, p->count );      /* 访问根结点 */
      InOrder( p->rchild );                       /* 中序遍历右子树 */
    }
```

```
}

int main()
{
    BTree * root = NULL;
    int i = 0;
    char str[MAXWORD];
    printf( "输入字符串:" );
    gets( str );
    while ( str[i] ! = '\0' )
    {
      CreaTree( root, str[i] );
      i+ + ;
    }
    printf( "字符及出现次数:\n" );
    InOrder( root );
    printf( "\n" );
}
```

7.9 设计一个算法实现哈希表的相关运算,并在此基础上完成如下功能。

(1)建立{16,74,60,43,54,90,46,31,29,88,77}哈希表 A[0…12],哈希函数为 H(k) = key%p,并采用线性探查法解决冲突。

(2)在上述哈希表中查找关键字为 29 的记录。

(3)在上述哈希表中删除关键字为 77 的记录,再将其插入。

参考程序如下:

```
#include <stdio.h>
#define MaxSize 100                   /* 定义最大哈希表长度 */
#define NULLKEY -1                    /* 定义空关键字值 */
#define DELKEY -2                     /* 定义被删关键字值 */
typedef int KeyType;                  /* 关键字类型 */
typedef char * InfoType;              /* 其他数据类型 */
typedef struct {
    KeyType key;                      /* 关键字域 */
    InfoTypedata;                     /* 其他数据域 */
    int count;                        /* 探查次数域 */
} HashTable;                          /* 哈希表类型 */

/* 将关键字k插入哈希表中 */
void InsertHT( HashTable ha[], int &n, KeyType k, int p )
{
    int i, adr;
    adr = k % p;
    if ( ha[adr].key = = NULLKEY || ha[adr].key = = DELKEY )
```

```
    {
      ha[adr].key = k;
      ha[adr].count = 1;
    } else {                        /* 发生冲突时采用线性探查法解决冲突 */
      i = 1;                        /* i记录x[j]发生冲突的次数 */
      do
      {
        adr = (adr + 1) % p;
        i++;
      }
      while ( ha[adr].key != NULLKEY && ha[adr].key != DELKEY );
      ha[adr].key = k;
      ha[adr].count = i;
    }
    n++;
}

/* 创建哈希表 */
void CreateHT( HashTable ha[], KeyType x[], int n, int m, int p )
{
    int i, n1 = 0;
    for ( i = 0; i < m; i++ )       /* 哈希表置初值 */
    {
      ha[i].key = NULLKEY;
      ha[i].count = 0;
    }
    for ( i = 0; i < n; i++ )
      InsertHT( ha, n1, x[i], p );
}

/* 在哈希表中查找关键字k */
int SearchHT( HashTable ha[], int p, KeyType k )
{
    int i = 0, adr;
    adr = k % p;
    while ( ha[adr].key != NULLKEY && ha[adr].key != k )
    {
      i++;                          /* 采用线性探查法找下一个地址 */
      adr = (adr + 1) % p;
    }
    if ( ha[adr].key == k )         /* 查找成功 */
      return(adr);
    else                            /* 查找失败 */
```

```
        return( - 1);
}

/* 删除哈希表中的关键字 k */
int DeleteHT( HashTable ha[], int p, int k, int &n )
{
    int adr;
    adr = SearchHT( ha, p, k );
    if ( adr ! = -1 )                /* 在哈希表中找到该关键字 */
    {
      ha[adr].key = DELKEY;
      n- - ;                         /* 哈希表长度减 1 */
      return(1);
    } else                           /* 在哈希表中未找到该关键字 */
      return(0);
}

/* 输出哈希表 */
void DispHT( HashTable ha[], int n, int m )
{
    floatavg = 0;
    inti;
    printf( "哈希表地址:\t" );
    for ( i = 0; i < m; i+ + )
      printf( " %3d", i );
    printf( " \n" );
    printf( "哈希表关键字:\t" );
    for ( i = 0; i < m; i+ + )
      if ( ha[i].key = = NULLKEY || ha[i].key = = DELKEY )
        printf( "    " );             /* 输出 3 个空格 */
      else
        printf( " %3d", ha[i].key );
    printf( "\n" );
    printf( "搜索次数:\t" );
    for ( i = 0; i < m; i+ + )
      if ( ha[i].key = = NULLKEY || ha[i].key = = DELKEY )
        printf( "    " );             /* 输出 3 个空格 */
      else
        printf( " %3d", ha[i].count );
    printf( " \n" );
    for ( i = 0; i < m; i+ + )
    if ( ha[i].key ! = NULLKEY && ha[i].key ! = DELKEY )
      avg = avg + ha[i].count;
```

```
        avg = avg / n;
    printf( "平均搜索长度 ASL( %d) = %g\n", n, avg );
    }

    int main()
    {
        int x[] = { 16, 74, 60, 43, 54, 90, 46, 31, 29, 88, 77 };
        int n= 11, m = 13, p = 13, i, k = 29;
        HashTable ha[MaxSize];
        CreateHT( ha, x, n, m, p );
        DispHT( ha, n, m );
        i = SearchHT( ha, p, k );
        if ( i ! = -1 )
          printf( " ha[ %d].key= %d\n", i, k );
        else
          printf( "提示:未找到 %d\n", k );
        k = 77;
        printf( "删除关键字 %d\n", k );
        DeleteHT( ha, p, k, n );
        DispHT( ha, n, m );
        i = SearchHT( ha, p, k );
        if ( i ! = -1 )
          printf( " ha[ %d].key= %d\n", i, k );
        else
          printf( "提示:未找到 %d\n", k );
        printf( "插入关键字 %d\n", k );
        InsertHT( ha, n, k, p );
        DispHT( ha, n, m );
        printf( "\n" );
    }
```

第 8 章　排序

8.1　判别以下序列是否为堆，如果不是则将它调整为堆：

(1)(100,86,48,73,35,39,42,57,66,21)

(2)(12,70,33,65,24,56,48,92,86,33)

(3)(103,97,56,38,66,23,42,12,30,52,6,20)

(4)(5,6,20,30,40,35,42,76,28)

答：堆的性质是任一非叶结点上的关键字均不大于(或不小于)其孩子结点上的关键字。据此，可以画二叉树来对序列进行判断和调整。

(1)此序列是大根堆。

(2)此序列不是堆，经调整后成为小根堆(12,24,33,65,33,56,48,92,86,70)。

(3)此序列是大根堆。

(4)此序列不是堆，经调整后成为小根堆(5,6,20,28,40,35,42,76,30)。

8.2　有一组关键字码：40,27,28,12,15,50,7，采用快速排序，写出每趟排序结果。

答：第一趟排序结果：[7,27,28,12,15],40,[50]。

第二趟排序结果：7,[27,28,12,15],40,[50]。

第三趟排序结果：7,[15,12],27,[28],40,[50]。

第四趟排序结果：7,[12],15,27,[28],40,[50]。

8.3　如果有 n 个值不相同的元素存于顺序结构中，能否用比 $2n-3$ 少的比较次数选出这 n 个元素中的最大值和最小值？如果能，说明如何实现。在最坏情况下至少要进行多少次比较？

答：能。以 a1 为支点，将序列分成两个子表，这一趟需要 $n-1$ 次比较；在左边长度为 y 的子表中求最小值，比较一趟需要 $y-1$ 次；在右边长度为 z 的子表中求最大值，冒泡一趟需要 $z-1$ 次。合计需要 $(n-1)+(y-1)+(z-1)=n+y+z-3$ 次，因为 $y+z+1=n$，所以总次数为 $2n-4 \leqslant 2n-3$。最坏情况下至少要进行 $2n-3$ 次比较，即一趟完毕后仍为单子表的情况。

8.4　以关键字序列(265,301,751,129,937,863,742,694,076,438)为例，分别写出执行以下排序算法的各趟排序结束时，关键字序列的状态：

(1)直接插入排序　　(2)冒泡排序　　(3)快速排序

(4)堆排序　　(5)归并排序　　(6)基数排序

上述方法中，哪些是稳定的排序？哪些是非稳定的排序？对不稳定的排序试举出一个不稳定的实例。

答：(1)直接插入排序（方括号内为无序区）

初始态：265[301 751 129 937 863 742 694 076 438]

第一趟:265 301[751 129 937 863 742 694 076 438]

第二趟:265 301 751[129 937 863 742 694 076 438]

第三趟:129 265 301 751[937 863 742 694 076 438]

第四趟:129 265 301 751 937[863 742 694 076 438]

第五趟:129 265 301 751 863 937[742 694 076 438]

第六趟:129 265 301 742 751 863 937[694 076 438]

第七趟:129 265 301 694 742 751 863 937[076 438]

第八趟:076 129 265 301 694 742 751 863 937[438]

第九趟:076 129 265 301 438 694 742 751 863 937

(2)冒泡排序(方括号内为无序区)

初始态:[265 301 751 129 937 863 742 694 076 438]

第一趟:076 [265 301 751 129 937 863 742 694 438]

第二趟:076 129 [265 301 751 438 937 863 742 694]

第三趟:076 129 265 [301 438 751 694 937 863 742]

第四趟:076 129 265 301 [438 694 751 742 937 863]

第五趟:076 129 265 301 438 [694 742 751 863 937]

第六趟:076 129 265 301 438 694 742 751 863 937

(3)快速排序(方括号内为无序区,层表示对应的递归树的层数)

初始态:[265 301 751 129 937 863 742 694 076 438]

第二层:[076 129] 265 [751 937 863 742 694 301 438]

第三层:076 [129] 265 [438 301 694 742] 751 [863 937]

第四层:076 129 265 [301] 438 [694 742] 751 863 [937]

第五层:076 129 265 301 438 694 [742] 751 863 937

第六层:076 129 265 301 438 694 742 751 863 937

(4)堆排序(通过画二叉树可以一步步得出排序结果)

初始态:[265 301 751 129 937 863 742 694 076 438]

建立初始堆:[937 694 863 265 438 751 742 129 076 301]

第一次排序重建堆:[863 694 751 265 438 301 742 129 076] 937

第二次排序重建堆:[751 694 742 265 438 301 076 129] 863 937

第三次排序重建堆:[742 694 301 265 438 129 076] 751 863 937

第四次排序重建堆:[694 438 301 265 076 129] 742 751 863 937

第五次排序重建堆:[438 265 301 129 076] 694 742 751 863 937

第六次排序重建堆:[301 265 076 129] 438 694 742 751 863 937

第七次排序重建堆:[265 129 076] 301 438 694 742 751 863 937

第八次排序重建堆:[129 076]265 301 438 694 742 751 863 937

第九次排序重建堆:076 129 265 301 438 694 742 751 863 937

(5)归并排序(为了表示方便,采用自底向上的归并,方括号内为有序区)

初始态:[265] [301] [751] [129] [937] [863] [742] [694] [076] [438]

第一趟:[265 301] [129 751] [863 937] [694 742] [076 438]

第二趟:[129 265 301 751] [694 742 863 937] [076 438]

第三趟:[129 265 301 694 742 751 863 937] [076 438]

第四趟:[076 129 265 301 438 694 742 751 863 937]

(6)基数排序(方括号内表示一个箱子共有 10 个箱子,箱号为 0～9)

初始态:265 301 751 129 937 863 742 694 076 438

第一趟:[] [301 751] [742] [863] [694] [265] [076] [937] [438] [129]

第二趟:[301] [] [129] [937 438] [742] [751] [863 265] [076] [] [694]

第三趟:[076] [129] [265] [301] [438] [] [694] [742 751] [863] [937]

在上面的排序方法中,直接插入排序、冒泡排序、归并排序和基数排序是稳定的,其他排序算法均是不稳定的,现举例如下(以带 * 号的表示区别)。

快速排序:[2, *2,1];堆排序:[2, *2,1]。

8.5 高度为 h 的堆中,最多有多少个元素?最少有多少个元素?在大根堆中,关键字最小的元素可能存放在堆的哪些地方?

答:高度为 h 的堆实际上为一棵高度为 h 的完全二叉树,因此根据二叉树的性质可以算出,它最少应有 $2^{(h-1)}$ 个元素,最多可有 2^h-1 个元素。在大根堆中,关键字最小的元素可能存放在堆的任一叶子结点上。

8.6 将两个长度为 n 的有序表归并为一个长度为 2n 的有序表,最少需比较 n 次,最多需比较 2n－1 次,请说明这两种情况发生时,两个被归并的表有何特征?

答:假设两个表为递增有序,当第一个有序表的元素全不大于第 n 个有序表的元素时,需比较 n 次;设第一个表的第 i 个元素为 a_i,第二个表的第 i 个元素为 b_i,如果一定有 $b_{(i-1)} \leqslant a_i \leqslant b_i$($i=1$ 时满足 $a_i \leqslant b_i$),$i=1,2,\cdots,n$,则需比较 $2n-1$ 次。

8.7 一个线性表中的元素为正整数和负整数。设计一个算法,将正整数和负整数分开,使线性表的前一半为负整数,后一半为正整数。

分析:顺序查找线性表值大于 0 的元素,逆序查找线性表值小于 0 的元素,并进行交换。

参考程序如下:

```
void partPN( Record Type r[], int n )
{
    int i, j;
    i = 1;
    j = n;                              /* 数据从数组的 1 单元开始存储 */
    while ( i < j )
    {
      while ( r[i].key < 0 )
        i++;
      while ( r[j].key > 0 )
        j--;
      if ( i < j )
      {
        r[0] = r[i];
        r[i] = r[j];
```

```
        r[j] = r[0];
        i++;
        j--;
      }
    }
}
```

8.8　假设某文件经内部排序得到 100 个初始归并段，试问：

(1)若要使多路归并三趟完成排序，则应取归并的路数至少为多少？

(2)假若操作系统要求一个程序同时可用的输入、输出文件的总数不超过 13，则按多路归并至少需几趟可完成排序？如果限定这个趟数，则可取的最低路数是多少？

答：(1)因 $4\times4\times4<100<5\times5\times5$，所以至少要 5 路。

(2)$13\times13>100$，所以至少要 2 趟；因 $9\times9<100=10\times10$，所以最低路数是 10。

8.9　手工执行算法 Kmerge，追踪败者树变化过程。假设初始归并段为

(10,15,16,20,31,39,+∞)

(9,18,20,25,36,48,+∞)

(20,22,40,50,67,79,+∞)

(6,15,25,34,42,46,+∞)

(12,37,48,55,+∞)

(84,95,+∞)

答：略。可参考《数据结构与算法》(石玉强、闫大顺主编)中的图 8.19。

8.10　设内存有大小为 6 个记录的区域可供内部排序使用，文件的关键字序列为(51,49,39,46,38,29,14,61,15,30,1,48,52,3,63,27,4,13,89,24,46,58,33,76)。

(1)用内部排序方法求出初始归并段。

(2)用置换-选择排序得出初始归并段，并写出 FO、WA 和 FI 的变化过程。

答：(1)初始归并段：

29,38,39,46,49,51

1,14,15,30,48,61

3,4,13,27,52,63

24,33,46,58,76,89

(2)置换-选择排序得到的初始归并段：

29,38,39,46,49,51,61

1,3,14,15,27,30,48,52,63,89

4,13,24,33,46,58,76

FO、WA 和 FI 的变化过程如表 1.8.1 所示。

表 1.8.1　FO、WA 和 FI 的变化过程

FO	WA	FI
空	空	51,49,39,46,38,29,14,61,15,30,1,48,52,3,63,27,4…
空	51,49,39,46,38,29	14,61,15,30,1,48,52,3,63,27,4…

续表

FO	WA	FI
29	51,49,39,46,38,14	61,15,30,1,48,52,3,63,27,4…
29,38	51,49,39,46,61,14	15,30,1,48,52,3,63,27,4…
29,38,39	51,49,15,46,61,14	30,1,48,52,3,63,27,4…
29,38,39,46	51,49,15,30,61,14	1,48,52,3,63,27,4…
29,38,39,46,49	51,1,15,30,61,14	48,52,3,63,27,4…
29,38,39,46,49,51	48,1,15,30,61,14	52,3,63,27,4…
29,38,39,46,49,51,61	48,1,15,30,52,14	3,63,27,4…
29,38,39,46,49,51,61, *	48,1,15,30,52,14	3,63,27,4…
29,38,39,46,49,51,61, * ,1	48,3,15,30,52,14	63,27,4…

8.11 设计快速排序的非递归算法。

分析:非递归算法借助栈来实现,思想如下。

(1)申请一个栈,存放排序数组的起始位置和终点位置。

(2)将整个数组的起始位置 min 和终点位置 max 入栈。

(3)max 和 min 分别出栈,对数组进行一次快排,并返回基准值的下标。

(4)先将 max 端的起始位置和终点位置存入栈中,再将 min 端的起始位置和终点位置存入栈中。

(5)反复执行步骤(4),直到栈为空则排序完成。

参考程序如下:

```
#define MaxSize 50
typedef struct node
{
    int min;                              /* 排序区间起始位置 */
    int max;                              /* 排序区间结束位置 */
}Node;

void Partiton (int a[], int min, int max)
{
    int k = a[min];
    int i = min;
    int j = max;
    int temp;
    Node Stack[MaxSize];
    int top = 0;
    Stack[top].min = min;
    Stack[top].max = max;
    while (top > -1)
{
    i = min = Stack[top].min;
    j = max = Stack[top].max;
```

```
    top--;
    k = a[min];
    while (i<j)
    {
      while (i<j && k <= a[j])
      {
        j--;
      }
      if (i < j)
      {
        temp = a[i];
        a[i] = a[j];
        a[j] = temp;
        i++;
      }
      while (i<j && k>= a[i])
      {
        i++;
      }
      if (i < j)
      {
        temp = a[i];
        a[i] = a[j];
        a[j] = temp;
        j--;
      }
      if (min < i - 1)
      {
        top++;
        Stack[top].min = min;
        Stack[top].max = i-1;
      }
      if (max>i + 1)
      {
        top++;
        Stack[top].min = i + 1;
        Stack[top].max = max;
      }
    }
  }
}
```

8.12　采用最小意义(如 K1,K2,…,Kt 中,Kt 为最小意义关键字)优先的基数排序法,实现对数列的排序，数列中的每个数据由 d(=3)位数字组成，不足 d 位的数据高位补 0，试设计算法实现。

根据基数排序算法的思想，参考程序如下：

```
/* 获取输入数字的索引值,其中 dec 为数字的位数,order 为获取哪一位的索引 */
int get_index(int num, int dec, int order)
{
    int i, j, n;
    int index;
    int div;
    /* 根据位数,循环减去不需要的高位数字 */
    for (i = dec; i>order; i--) {
        n = 1;
        for (j = 0; j<dec - 1; j++)
            n *= 10;
        div = num/n;
        num -= div * n;
        dec--;
    }
    /* 获得对应位数的整数 */
    n = 1;
    for (i = 0; i<order - 1; i++)                  /* 获取 index 值 */
        n *= 10;

    index = num / n;
    return index;
}

/* 进行基数排序 */
void radix_sort(int array[], int len, int dec, int order)
{
    int i, j, k;
    int index;                                     /* 排序索引 */
    int tmp[len];                                  /* 临时数组,用来保存待排序的中间结果 */
    int num[10];                                   /* 保存索引值的数组 */
    for(k = 0;k<len; k++)                          /* tmp 数组初始清零 */
    tmp[k] = 0;
    for(k = 0;k < 10 ;k++)                         /* num 数组初始清零 */
    num[k] = 0;
    if (dec < order)                               /* 最高位排序完成后返回 */
        return;
    for (i = 0; i<len; i++) {
        index = get_index(array[i], dec, order);     /* 获取索引值 */
```

```
        num[index]++;                           /* 对应位加一 */
    }
    for (i=1; i<10; i++)
        num[i] += num[i-1];                     /* 调整索引数组 */
    for (i=len-1; i>=0; i--) {
        index = get_index(array[i], dec, order);  /* 从数组尾开始依次获得各个数字的索引 */
        j = --num[index];     /* 根据索引计算该数字按位排序之后在数组中的位置 */
        tmp[j] = array[i];                      /* 数字放入临时数组 */
    }
    for (i=0; i<len; i++)
        array[i] = tmp[i];                      /* 从临时数组中复制到原数组 */
    /* 继续按高一位的数字大小进行排序 */
    radix_sort(array, len, dec, order+1);
    return;
}
```

8.13　采用插入排序方法，将一个无序的链表排列成一个降序的有序链表。

分析：首先将指针 pre 指向单链表的头结点，用指针 p 指向剩余结点的第一个结点，指针 q 指向指针 p 指向的结点的下一个结点。用指针 pre 对带有头结点的链表进行遍历，如果指针 pre 所指结点的下一个结点的数据域值比指针 p 所指结点的数据域的值小，则将指针 p 所指结点插入指针 pre 所指结点的后面，一次排序完成，反复执行直至结束。

参考程序如下：

```
typedef struct LNode{
    ElemType data;
    struct LNode *next;
}LNode, *LinkList;
voidInsertSort(LNode *head)                 /* head 为链表头结点指针 */

{
    LNode *pre=head;
    LNode *p=pre->next;
    LNode *q=p->next;
    p->next=NULL;
    p=q;
    while(q){
        q=p->next;
        pre=head;
        while(pre->next!=NULL && pre->next->data>p->data){
            pre=pre->next;
        }
        p->next=pre->next;
        pre->next=p;
```

```
        p = q;
    }
}
```

8.14 编写程序，实现二路归并排序。

根据二路归并排序的思想，参考程序如下：

```
void merge(int *a, int low, int mid, int high)
{
    int k, begin1, begin2, end1, end2;
    begin1 = low;
    end1 = mid;
    begin2 = mid + 1;
    end2 = high;
    int *temp = (int *) malloc((high - low + 1) * sizeof(int));
    for(k = 0; begin1 <= end1 && begin2 <= end2; k++)/* 自小到大排序 */
    {
        if(a[begin1] <= a[begin2])
            temp[k] = a[begin1++];
        else
            temp[k] = a[begin2++];
    }
    if(begin1 <= end1)                              /* 左剩 */
        memcpy(temp + k, a + begin1, (end1 - begin1 + 1) * sizeof(int));
    else                                            /* 右剩 */
        memcpy(temp + k, a + begin2, (end2 - begin2 + 1) * sizeof(int));
    memcpy(a + low, temp, (high - low + 1) * sizeof(int));
    free(temp);                                     /* 释放空间 */
}
void merge_sort(int *a, unsigned int begin, unsigned int end)
{
    int mid;
    if(begin < end)
    {
        mid = begin + (end - begin)>>1;
        merge_sort(a, begin, mid);                  /* 分治 */
        merge_sort(a, mid + 1, end);                /* 分治 */
        merge(a, begin, mid, end);                  /* 合并两个已排序的数列 */
    }
}
```

第 2 部分　数据结构与算法实验

实验1　线性表的顺序、链式表示及应用

一、实验目的

1.掌握线性表的顺序存储结构，熟练掌握顺序表的各种基本算法。

2.掌握线性表的链式存储结构，熟练掌握单链表的各种基本算法。

3.掌握利用线性表数据结构解决实际问题的方法和基本技巧。

4.培养运用线性表解决实际问题的能力。

二、实验内容和要求

1. 编写一个程序 test1-1.cpp，实现顺序表的各种基本运算。本实验的顺序表元素的类型为 char，具体实验要求如下：

(1)初始化顺序表 L；

(2)采用尾插法依次插入 a、b、c、d、e；

(3)输出顺序表 L；

(4)输出顺序表 L 的长度；

(5)判断顺序表 L 是否为空；

(6)输出顺序表的第三个元素；

(7)输出元素 a 的逻辑位置；

(8)在第四个元素位置上插入元素 f；

(9)输出顺序表 L；

(10)删除顺序表 L 的第三个元素；

(11)输出顺序表 L；

(12)释放顺序表 L。

2.编写一个程序 test1-2.cpp，实现单链表的各种基本运算。本实验的单链表元素的类型为 char，具体实验要求如下：

(1)初始化单链表 L；

(2)采用尾插法依次插入 a、b、c、d、e；

(3)输出单链表 L；

(4)输出单链表 L 的长度；

(5)判断单链表 L 是否为空；

(6)输出单链表 L 的第三个元素；

(7)输出元素 a 的逻辑位置;

(8)在第四个元素位置上插入元素 f;

(9)输出单链表 L;

(10)删除单链表 L 的第三个元素;

(11)输出单链表 L;

(12)释放单链表 L。

3.(选做)编写一个程序 test1-3.cpp,用单链表存储一元多项式,并实现两个一元多项式的相加运算。

三、实验步骤

1.实现顺序表的各种基本运算(test1-1.cpp),每完成一个步骤,及时输出顺序表元素,以便验证操作结果。

参考代码如下:

```
#include <stdio.h>
#include <stdlib.h>
typedef char ElemType;                     /* 顺序表元素类型定义为字符类型 */
#define LIST_INIT_SIZE10                   /* 顺序表存储空间的容量大小为 100 */
typedef  struct {
    ElemType data[LIST_INIT_SIZE];         /* 存储顺序表中的元素 */
    int length;                            /* 存放顺序表的长度,切记应从 0 开始存放 */
} SqList;                                  /* 定义的顺序表结构体 */

/* 初始化一个空顺序表 */
void InitList_Sq(SqList *&L) {
    L = (SqList *)malloc(sizeof(SqList));  /* 分配存放顺序表的空间 */
    L->length=0;                           /* 令顺序表 L 的长度为 0 */
}

/* 在顺序表指定的位序插入一个元素 */
bool ListInsert_Sq(SqList *&L, int i, ElemType e) {
    int k;
    if(L->length==LIST_INIT_SIZE)          /* 顺序表已满 */
      return false;
    if(i<1||i>L->length+1)                 /* 插入位置非法 */
      return false;
    for(k=L->length-1;k>=i-1;k--)
                                           /* 从顺序表最后一个元素开始后移 */
      L->data[k+1]=L->data[k];
    L->data[i-1]=e;                        /* 将插入的元素放入 i-1 中 */
    L->length++;
```

```
    return true;
}

/* 获得指定位序的顺序表元素 */
bool GetElem_Sq(SqList *&L, int i, ElemType e) {
    if (i<1 || i>L->length)
      return false;                    /* 参数错误时返回 false */
    i--;                               /* 将顺序表逻辑序号转化为物理序号 */
    e = L->data[i];
    return true;
}

/* 指定值的元素是否在顺序表中,如果在则返回位序,否则返回 0 */
int LocateElem_Sq(SqList *L, ElemType e) {
    int i = 0;
    while (i<L->length && L->data[i]! = e)
      i++;                             /* 在顺序表 L 中依次进行判定 */
    if (i<L->length)
      return i + 1;                    /* 返回第一个相等元素的位序 */
    else
      return 0;                        /* 不存在相等的元素,则返回 0 */
}

/* 删除指定位序的元素 */
bool ListDelete_Sq(SqList *&L, int i, ElemType *e) {
    int k;
    if(L->length= = 0)
      return false;
    if(i<1||i>L->length)
      return false;                    /* 参数错误时返回 false */
    *e = L->data[i-1];                 /* 将被删除元素的值赋给 e */
    for(k = i; k<L->length; k++)
      L->data[k-1] = L->data[k];       /* 将被删除元素后面的元素依次向前移动 */
    L->length--;                       /* 顺序表的表长减 1 */
    return true;
}

/* 判断顺序表是否为空 */
bool ListEmpty_Sq(SqList *L) {        /* 如果是空表则返回 true,如果不是空表则返回 false */
    return (L->length= = 0)? 1:0;
}

/* 释放顺序表 */
```

```
void DestroyList_Sq(SqList *L) {      /* 释放顺序表 L 所占用的存储空间 */
    free(L);
}

/* 获得当前顺序表的元素个数 */
int ListLength_Sq(SqList *L) {        /* 返回顺序表的长度 */
return( L->length);
}

/* 顺序输出顺序表的所有元素,并用空格隔开元素 */
void ListTraverse_Sq(SqList *L) {
    int i;
    printf("This Sqlist length is %d, and elements:", L->length);
    for(i = 0; i<L->length; i++)
      printf(" %c ", L->data[i]);
    printf("\n");
}

int main(void) {
    SqList *L,Sq;
    L = &Sq;
    InitList_Sq(L);
    ListInsert_Sq(L, ListLength_Sq(L) + 1, 'a');
    ListInsert_Sq(L, ListLength_Sq(L) + 1, 'b');
    ListInsert_Sq(L, ListLength_Sq(L) + 1, 'c');
    ListInsert_Sq(L, ListLength_Sq(L) + 1, 'd');
    ListInsert_Sq(L, ListLength_Sq(L) + 1, 'e');
    ListTraverse_Sq(L);
    /* 使用 ListEmpty_Sq 函数判断顺序是否为空 */
    printf("the length of list is %d\n", ListLength_Sq(L));
    /* 使用 GetElem_Sq 函数输出第三个元素值 */
    ElemType e;
    GetElem_Sq(L,3,e);
    printf(" %c\n",e);
    printf(" %d\n",LocateElem_Sq(L,'a'));
    /* 使用 LocateElem_Sq 函数判断元素 a 是否在顺序表中 */
    LocateElem_Sq(L,'a');
    /* 使用 ListInsert_Sq 函数在第四个元素位置上插入元素 f */
    ListInsert_Sq(L,4,'f');
    /* 使用 ListTraverse_Sq 函数输出顺序表 */
    ListTraverse_Sq(L);
    /* 使用 ListDelete_Sq 函数删除第三个元素 */
    ListDelete_Sq(L,3,&e);
```

```
    /* 使用 ListTraverse_Sq 函数输出线性表 */
    ListTraverse_Sq(L);
    /* 使用 DestroyList_Sq 函数释放线性表 */
    DestroyList_Sq(L);
}
```

2.实现单链表的各种操作运算(test1－2.cpp),每完成一个步骤,及时输出单链表元素,以便验证操作结果。

参考程序如下:

```
#include <stdio.h>
#include <stdlib.h>
typedefchar ElemType;                               /* 单链表元素类型定义为字符类型 */
typedef struct LNode{
    ElemType data;
    struct LNode * next;
}LinkList;                                          /* 定义的单链表结构体 */

/* 初始化一个空的带表头结点的单链表 */
void InitList_L(LinkList * &L)
{
    L = (LinkList *)malloc(sizeof(LinkList));       /* 分配头结点的空间 */
    L->next = NULL;                                 /* 令单链表 L 为空表 */
}

/* 在单链表指定的位序插入一个元素 */
bool ListInsert_L(LinkList * &L, int i, ElemType e)
{
    LinkList *s, *p = L;
    int j = 0;
    while (p! = NULL && j<i-1)                      /* 在单链表 L 中寻找第 i-1 个结点 */
    {
      p = p->next;
      ++j;
    }
    /* 1≤i≤L->length+1, p 为空表示 i 大于 length+1,j>i-1 表示 i 小于 1 */
    if (p = = NULL || j>i-1)
      return false;                              /* 若 i 值不合法则返回 false,表示插入失败 */
    else
    {
      s = (LinkList *)malloc(sizeof(LinkList));     /* 生成新结点 */
      s->data = e;                                  /* 使新结点数据域的值为 e */
      s->next = p->next;                            /* 将新结点插入单链表 L 中 */
      p->next = s;
```

```
        return true;
    }                                           /* 修改第 i-1 个结点指针 */
}

/* 获得指定位序的单链表元素 */
bool GetElem_L(LinkList *L, int i, ElemType &e)
{
    LinkList *p = L->next;              /* 设置指针 p,初始时指向单链表 L 的第一个结点 */
    int j = 1;                          /* 设置计数器 j,初始时为 1 */
    while (p != NULL && j<i){           /* 指针向后查找,直到 p 指向第 i 个元素或为空 */
      p = p->next;
      ++j;
    }
    if (p == NULL || j>i)
      return false;
    else
    {
      e = p->data;                      /* 取第 i 个元素 */
      return true;
    }
}

/* 指定值的元素是否在单链表中,如果在则返回位序,否则返回 0 */
int LocateElem_L(LinkList *L, ElemType e)
{
    int i = 1;
    LinkList *p = L->next;
    while (p! = NULL && p->data! = e)
    {
      p = p->next;
      i++;
    }
    if(p == NULL)
      return 0;
    else
      return i;
}

/* 删除指定位序的元素 */
bool ListDelete_L(LinkList *&L, int i, ElemType &e)
{
    LinkList *q, *p = L;
    int j = 0;
```

```
    while (p! = NULL && j<i-1)  /* 在单链表 L 中寻找第 i-1 个结点 */
    {
      p = p->next;
      ++j;
    }
    if (p == NULL || j>i-1)
      return false;                 /* 没有找到 i,若 i 值不合法则返回 0 */
    else
    {
      q = p->next;                  /* 用指针 q 指向被删除结点 */
      if (q == NULL)
        return 0;
      p->next = q->next;            /* 删除单链表 L 中的第 i 个结点 */
      e = q->data;                  /* 取出第 i 个结点的数据域值 */
      free(q);                      /* 释放第 i 个结点的空间 */
      return true;
    }
}

/* 判断单链表是否为空 */
bool ListEmpty_L(LinkList *L)
{
    if (L->next == NULL)
      return true;
    else
      return false;
}

/* 释放单链表 */
void DestroyList_L(LinkList *&L)
{
    LinkList *pre = L, *p = L->next;
    while(p != NULL)
    {
      free(pre);
      pre = p;
      p = pre->next;
    }
    free(pre);
}

/* 获得当前单链表的元素个数 */
int ListLength_L(LinkList *L)
```

```
{
    LinkList *p=L;
    int count=0;
    while(p->next != NULL)
    {
      p = p->next;
      count++;
    }
    return (count);
}

/* 顺序输出单链表的所有元素,并用空格隔开元素 */
void ListTraverse_L(LinkList *L)
{
    LinkList *p = L->next;
    int i=1;
    printf("This Linklist Traverse:\n");
    while(p != NULL)
    {
      printf("%c  ",p->data);
      p = p->next;
      i++;
    }
    printf("\n");
}

int main(void) {
    LinkList *L;
    ElemType e;
    InitList_L (L);
    ListInsert_L (L, ListLength_L(L)+1, 'a');
    ListInsert_L (L, ListLength_L(L)+1, 'b');
    ListInsert_L (L, ListLength_L(L)+1, 'd');
    ListInsert_L (L, ListLength_L(L)+1, 'd');
    ListInsert_L (L, ListLength_L(L)+1, 'e');
    ListTraverse_L (L);
    printf("the length of list is %d\n", ListLength_L(L));
    /* 使用 ListEmpty_L 函数判断单链表是否为空 */
    if(ListEmpty_L(L))
      printf("List Empty!");
    else
      printf("List not Empty!");
    /* 使用 GetElem_L 函数输出第三个元素值 */
```

```
    GetElem_L(L,3,e);
    printf("%c\n",e);
    /* 使用 LocateElem_L 函数判断元素 a 是否在单链表中 */
    printf("a 是否在单链表中:%d",LocateElem_L(L,'a'));
    /* 使用 ListInsert_L 函数在第四个元素位置上插入元素 f */
    ListInsert_L(L,4,'f');
    /* 使用 ListTraverse_L 函数输出单链表 */
    ListTraverse_L(L);
    /* 使用 ListDelete_L 函数删除第三个元素 */
    ListDelete_L(L,3,e);
    /* 使用 ListTraverse_L 函数输出单链表 */
    ListTraverse_L(L);
    /* 使用 DestroyList_L 函数销毁单链表 */
    DestroyList_L(L);
}
```

注意:顺序表和单链表的结构体定义不同,相同功能的函数仅仅后缀不同,调用的第一个参数数据类型不同,其他的完全一样。设计代码的时候,如果没有后缀,则程序框架基本完全相同,这也说明了数据结构的逻辑结构、物理结构和算法的相互配合。对于用户来说,只需学会使用线性表即可,无须关注其物理结构,设计者在更新算法的时候也不影响用户的使用。

实验 2　栈、队列的表示及应用

一、实验目的

1. 掌握栈的顺序和链式存储结构，熟练掌握栈的各种基本算法。
2. 掌握队列的顺序和链式存储结构，熟练掌握队列的各种基本算法。
3. 掌握利用栈和队列数据结构解决实际问题的方法和基本技巧。
4. 培养运用栈和队列解决实际问题的能力。

二、实验内容和要求

1. 编写一个程序 test2－1.cpp，实现顺序栈（假设栈中元素类型为 char）的各种基本运算，完成如下功能：

（1）初始化顺序栈 s；
（2）判断顺序栈 s 是否非空；
（3）元素 a、b、c、d、e 依次进栈；
（4）判断顺序栈 s 是否非空；
（5）输出顺序栈的长度；
（6）输出从栈顶到栈底的元素；
（7）判断顺序栈 s 是否非空；
（8）释放顺序栈。

2. 编写一个程序 test2－2.cpp，实现链栈（假设栈中元素类型为 char）的各种基本运算，完成如下功能：

（1）初始化链栈 s；
（2）判断链栈 s 是否非空；
（3）元素 a、b、c、d、e 依次进链栈；
（4）输出从链栈顶到链栈底的元素；
（5）弹出栈顶元素；
（6）输出链栈；
（7）输出栈顶元素；
（8）释放链栈。

3. 编写一个程序 test2－3.cpp，实现循环队列（假设队列中元素类型为 char）的各种基本运算，完成如下功能：

(1)初始化循环队列 q;

(2)判断循环队列 q 是否非空;

(3)元素 a、b、c 依次进队;

(4)出队一个元素,并输出该元素;

(5)输出循环队列 q 的元素个数;

(6)元素 d、e、f 依次进队;

(7)输出循环队列 q 的元素个数;

(8)输出出队序列;

(9)释放队列。

4.编写一个程序 test2-4.cpp,实现链队(假设队列中元素类型为 char)的各种基本运算,完成如下功能:

(1)初始化链队 q;

(2)判断链队 q 是否非空;

(3)元素 a、b、c 依次进队;

(4)出队一个元素,并输出该元素;

(5)输出链队 q 的元素个数;

(6)元素 d、e、f 依次进链队;

(7)输出链队 q 的元素个数;

(8)输出出队序列;

(9)释放链队。

5.(选做)编写一个程序 test2-5.cpp,模拟病人到医院看病,排队看医生等待就诊的过程。病人排队过程中主要发生两件事:

(1)病人到达候诊室,将病历本交给护士,排到病人等待队列中进行候诊;

(2)护士从病人等待队列中取出下一位病人的病历,该病人进入候诊室候诊。

程序采用菜单方式,其选项和功能说明如下:

(1)排队:输出排队病人的病历号,加入病人等待队列中。

(2)就诊:病人等待队列中最前面的病人就诊,并将其从队列中删除。

(3)查看排队:按照从队首到队尾的顺序列出所有的排队病人的病历号。

(4)不再排队,余下依次就诊:按照从队首到队尾的顺序列出所有的排队病人的病历号。

(5)下班:程序退出运行。

三、实验步骤

1.实现顺序栈的各种基本运算(test2-1.cpp),参考程序如下:

```
#include <stdio.h>
#include <stdlib.h>
#define MAXSIZE 50
typedef char ElemType;
typedef struct
```

```
{
    ElemType data[MAXSIZE];
    int top;                                       /* 栈顶指针 */
}SqStack;                                          /* 栈类定义 */

/* 初始化栈 */
void InitStack(SqStack *&S )
{
    S = ( SqStack *)malloc(sizeof(SqStack));       /* 分配栈的存储空间 */
    S->top = 0;                                    /* 令 top 为 0 表示栈为空 */
}

/* 判断栈是否为空 */
bool StackEmpty(SqStack *S) {
    if( S->top == 0 )
      return true;
    else
      return false;
}

/* 判断栈是否为满 */
bool StackFull(SqStack *S) {
    if( S->top == MAXSIZE )
      return true;
    else
      return false;
}

/* 入栈 */
bool Push (SqStack *&S, ElemType e)
{
    if( S->top == MAXSIZE )                        /* 栈满则操作失败 */
      return false;
    S->data[S->top] = e;
    S->top++;
    return true;
}

/* 出栈 */
bool Pop (SqStack *&S, ElemType &e)
{
    if(S->top == 0 )                               /* 栈空则操作失败 */
      return false;
```

```
    S->top--;
    e = S->data[S->top];
    return true;
}

/* 取栈顶元素 */
bool GetTop (SqStack *&S, ElemType &e)
{
    if(S->top == 0 )                          /* 栈空则操作失败 */
      return false;
    e = S->data[S->top-1];
    return true;
}

/* 释放栈 */
void DestroyStack(SqStack *&S)
{
    free(S);
}

/* 输出从栈顶到栈底的元素 */
void TraStack(SqStack *s)
{
    int i=0;
      while(! StackEmpty(s))                  /* 如果栈不为空则进行出栈 */
      {
        ElemType temp;
        Pop(s,temp);
        i++;
        printf("%c \t\n",temp);
    }
      s->top=i;
}

/* 输出栈的长度 */
int  StackLength(SqStack *s)
{
    int i=0;
      while(! StackEmpty(s))                  /* 如果栈不为空则进行出栈 */
      {
        ElemType temp;
        Pop(s,temp);
        i++;
```

```
    }
    s->top = i;
    return i;
}

int main(void)
{
    SqStack *s;
    InitStack(s);                                   /* 初始化栈 s */
    printf("栈是否为空：%d\n",StackEmpty(s));          /* 判断栈 s 是否非空 */
    /* 元素 a、b、c、d、e 依次进栈 */
    Push(s,'a');
    Push(s,'b');
    Push(s,'c');
    Push(s,'d');
    Push(s,'e');
    printf("栈是否为空：%d\n",StackEmpty(s));
    printf("栈的长度为：%d\n",StackLength(s));          /* 输出栈的长度 */
    TraStack(s);                                    /* 输出从栈顶到栈底的元素 */
    printf("栈是否为空：%d\n",StackEmpty(s));          /* 判断栈 s 是否非空 */
    DestroyStack(s);                                /* 释放栈 */
}
```

2.实现链栈的各种基本运算(test2-2.cpp)，参考程序如下：

```
#include <stdio.h>
#include <stdlib.h>
typedef char ElemType;

/* 链栈的存储结构 */
typedef struct LinkNode {
    ElemType data;                                  /* 数据域 */
    struct LinkNode *next;                          /* 指针域 */
} LinkStack;

/* 初始化栈顶结点 */
void InitStack(LinkStack *&S) {
    S = (LinkStack *)malloc(sizeof(LinkStack));    /* 分配栈的存储空间 */
    S->next = NULL;                                 /* 头结点的 next 为空表示空栈 */
}

/* 判断栈是否为空 */
bool StackEmpty(LinkStack *S) {
    if (S->next == NULL)
```

```
        return true;
    else
        return false;
}

/* 遍历栈 */
void Traverse_LS(LinkStack * S) {
    LinkStack * p;
    while(S->next != NULL)
    {
        p = S->next;
        printf(" %c ",p->data);
        S = S->next;
}
}

/* 链栈元素入栈 */
bool Push(LinkStack * &S, ElemType e) {
    LinkStack * p;
    p = (LinkStack * )malloc(sizeof(LinkStack));
    p->data = e;
    p->next = S->next;
    S->next = p;
    return true;
}

/* 获取栈顶元素 */
bool GetTop (LinkStack * &S, ElemType &e)
{
    if(S->next == NULL )                        /* 栈空则操作失败 */
        return false;
    e = S->next->data;
    return true;
}

/* 链栈元素出栈 */
bool Pop (LinkStack * &S, ElemType &e)
{
    LinkStack * p;
    if(S->next == NULL )                        /* 栈空则操作失败 */
        return false;
    p = S->next;
    S->next = p->next;
```

```
        e = p->data;
        free(p);
        return true;
}

/* 释放链栈 */
void DestroyStack(LinkStack *&S)
{
    LinkStack *q, *p=S;
    while(p != NULL)
    {   q = p;
        p = p->next;
        free(q);
    }
}

int main(void) {
    LinkStack s, *ps;
    ElemType e;
    int n;
    ps = &s;
    InitStack(ps);
    if(StackEmpty(ps))
      printf("LinkStack is Empty! \n");
    else
      printf("LinkStack is not Empty! \n");
    Push(ps, 'a');
    Push(ps, 'b');
    Push(ps, 'c');
    Push(ps, 'd');
    Push(ps, 'e');
    printf("当前栈内容为:");
    Traverse_LS(ps);
    Pop(ps, e);
    printf("\n弹出的元素为:%c\n",e);
    printf("当前栈内容为:");
    Traverse_LS(ps);
    GetTop(ps, e);
    printf("\n栈顶元素为:%c", e);
    DestroyStack(ps);
    return 0;
}
```

3.实现循环队列的各种基本运算(test2-3.cpp),参考程序如下:

```
#include <stdio.h>
#include <math.h>
#include <stdlib.h>
#define MAXSIZE 50
typedef char ElemType;
typedef struct                                    /* 队列类定义 */
{
    ElemType data [MAXSIZE];
    int front;                                    /* 队首指针 */
    int rear;                                     /* 队尾指针 */
}SqQueue;

/* 初始化队列 */
void InitQueue(SqQueue *&Q )
{  /* 初始化循环队列,将队列置为空 */
      Q = (SqQueue *)malloc(sizeof(SqQueue));     /* 分配队列的存储空间 */
      Q->front = Q->rear = 0;                     /* 令 front 和 rear 为 0 */
}

/* 判断队列是否为空。如果队列为空,则返回 true,否则返回 false */
bool QueueEmpty(SqQueue *Q)
{
    if( Q->front == Q->rear )
      return true;
    else return false;
}

/* 判断队列是否为满。如果队列为满,则返回 true,否则返回 false */
bool QueueFull(SqQueue *Q)
{
    if(Q->front == (Q->rear + 1) % MAXSIZE )
      return true;
    else
      return false;
}

/* 入队列,将元素 e 压入队列 Q 中 */
bool EnQueue(SqQueue *&Q, ElemType e)
{
    if(  Q->front == (Q->rear + 1) % MAXSIZE )    /* 队列满则操作失败 */
      return false;
    Q->data[Q->rear] = e;
    Q->rear = (Q->rear + 1) % MAXSIZE ;
```

```
    return true;
}

/* 将队列Q中的队首元素删除 */
bool DeQueue(SqQueue *&Q, ElemType &e)
{
    if(Q->front == Q->rear )                    /* 队列空则操作失败 */
      return false;
    e = Q->data[Q->front];
    Q->front = (Q->front + 1) % MAXSIZE;
    return true;
}
/* 获取队列Q中的队首元素 */
bool GetHead(SqQueue *&Q, ElemType &e)
{
    if(Q->front == Q->rear )                    /* 栈空则操作失败 */
      return false;
    e = Q->data[Q->front];
    return true;
}

/* 队列元素个数 */
int QueueLength(SqQueue *Q)
{
    return abs(Q->front - Q->rear);
}

/* 出队序列 */
void TraQueue(SqQueue *&Q)
{
    while(Q->front != Q->rear )
    {
      printf("%c ",Q->data[Q->front]);
      Q->front = (Q->front + 1) % MAXSIZE;
    }
}

/* 释放队列 */
void DestroyQueue(SqQueue *&Q)
{
    free(Q);
}
int main(){
```

```
    SqQueue *q;
    InitQueue(q);
    printf("队列是否为空：%d",QueueEmpty(q));
    /* 元素 a、b、c 依次进队 */
    EnQueue(q,'a');
    EnQueue(q,'b');
    EnQueue(q,'c');
    /* 出队一个元素,并输出该元素 */
    ElemType e;
    DeQueue(q,e);
    printf("\n 出队的元素为：%c",e);
    printf("\n 队列 q 的元素个数：%d",QueueLength(q));
    /* 元素 d、e、f 依次进队 */
    EnQueue(q,'d');
    EnQueue(q,'e');
    EnQueue(q,'f');
    printf("\n 队列 q 的元素个数：%d",QueueLength(q));
    printf("\n 当前队列元素为:");
    TraQueue(q);
    DestroyQueue(q);
}
```

4.实现链队的各种基本运算(test2－4.cpp),参考程序如下:

```
#include "stdio.h"
#include "stdlib.h"
typedef char ElemType;
/* 链队的数据结构 */
typedef struct QNode
{
    ElemType data;                              /* 数据域 */
    struct QNode *next;                         /* 指针域 */
}QNode, *QueuePtr;

typedef struct
{
    QueuePtr front;                             /* 队头指针 */
    QueuePtr rear;                              /* 队尾指针 */
}LinkQueue;

/* 初始化链队列,将队列置为空 */
void InitQueue(LinkQueue *&Q )
{
    Q=(LinkQueue *)malloc(sizeof(LinkQueue)); /* 分配队列的存储空间 */
```

```
    Q->front = Q->rear = NULL;                    /* 令 front 和 rear 域为 NULL */
}

/* 释放链队 */
void DestroyQueue(LinkQueue *&Q)
{
    QNode *p=Q->front, *q;
    while (p != NULL)                             /* 释放队列中所有的结点 */
    {q = p->next;
      free(p);
      p = q;
}
free(Q);/* 释放队列的头结点 */
}

/* 判断队列是否为空。如果队列为空,则返回 true,否则返回 false */
bool QueueEmpty(LinkQueue *Q)
{
    if(Q->rear == NULL )
      return true;
    else
      return false;
}

/* 链队清空 */
int ClearQueue(LinkQueue *Q)
{
while(Q->front->next)
{
    Q->rear=Q->front->next;
    free(Q->front);
    Q->front=Q->rear;
}
return 1;
}

/* 求链队的长度 */
int QueueLength(LinkQueue *Q)
{
    QNode *p;
    int length =0;
    p=Q->front;
    while(p!=Q->rear)
```

```
    {
      length++;
      p=p->next;
    }
    return length;
}

/* 将元素 e 压入队列 Q 中 */
bool EnQueue(LinkQueue *&Q, ElemType e)
{
    QNode *p;
    p = (QNode *)malloc(sizeof(QNode));
    p->data = e;
    p->next = NULL;
    if (Q->rear == NULL)
      Q->front = Q->rear = p;
    else
      {  Q->rear->next = p;
         Q->rear = p;
    }
    return true;
}

/* 将队列 Q 中的队首元素删除 */
bool DeQueue(LinkQueue *&Q, ElemType &e)
{
    QNode *p;
    if(Q->rear == NULL )                              /* 队列空则操作失败 */
      return false;
    p = Q->front;
    if(Q->front == Q->rear)
      Q->front = Q->rear = NULL;
    else
      Q->front = p->next;
    e = p->data;
    free(p);
    return true;
}

/* 获取队列 Q 中的队首元素 */
bool GetHead(LinkQueue *&Q, ElemType &e)
{
    if(Q->rear == NULL )                              /* 队列空则操作失败 */
```

```
        return false;
    e = Q->front->data;
    return true;
}

/* 遍历链队 */
int QueueTraverse(LinkQueue *Q)
{
    QueuePtr p = Q->front->next;
    ElemType e;
    while(p)
    {
      e = p->data;
      printf(" %c ",e);
      p = p->next;
    }
    printf("\n");
    return 1;
}

int main(void)
{
    LinkQueue *q;
    ElemType e;
    InitQueue(q);
    EnQueue(q,'a');
    EnQueue(q,'b');
    EnQueue(q,'c');
    GetHead(q,e);
    printf("当前对头的元素:%c\n",e);
    printf("当前队列的长度为:%d\n",QueueLength(q));
    EnQueue(q,'d');
    EnQueue(q,'e');
    EnQueue(q,'f');
    printf("当前队列的长度为:%d\n",QueueLength(q));
    printf("当前队列的元素为:");
    QueueTraverse(q);
    DestroyQueue(q);
}
```

实验3　串、数组和广义表的表示及应用

一、实验目的

1.掌握串的存储结构,熟练掌握顺序串的各种基本算法。

2.掌握数组的存储结构,熟练掌握用三元组法表示稀疏矩阵、三元组顺序表的基本操作。

3.掌握广义表数据结构,熟练掌握广义表的建立与输出。

4.培养运用串、数组和广义表解决实际问题的能力。

二、实验内容和要求

1.编写一个程序 test3-1.cpp,实现顺序串的各种基本运算,完成如下功能:

(1)建立串 s="abcdefghijklmn",串 s1="xyz",串 t="hijk";

(2)复制串 t 到 t1,并输出 t1 的长度;

(3)在串 s 的第 9 个字符位置处插入串 s1 而产生串 s2,并输出 s2;

(4)删除串 s 从第 2 个字符开始的 5 个字符而产生串 s3,并输出 s3;

(5)将串 s 从第 2 个字符开始的 3 个字符替换成串 s1 而产生串 s4,并输出 s4;

(6)提取串 s 从第 2 个字符开始的 10 个字符而产生串 s5,并输出 s5;

(7)将串 s1 和串 t 连接起来而产生串 s6,并输出 s6;

(8)比较串 s1 和 s5 是否相等,输出结果;

(9)判断串 s3 是否为空。

2.编写一个程序 test3-2.cpp,求两个字符串的最长公共子串。

字符串 U 既是字符串 S 的子串,又是字符串 T 的子串,则字符串 U 是字符串 S 和 T 的一个公共子串。字符串 S 和 T 的最长公共子串是指字符串 S 和 T 的所有公共子串中长度最大的公共子串。例如,给定 2 个字符串“zkzk”和“kzkz”,它们的公共子串有“”“z”“k”“zk”“kz”“zkz”“kzk”,其中最长公共子串为“zkz”或“kzk”。

3.编写一个程序 test3-3.cpp,求稀疏矩阵 A 和 B 之和,完成如下功能:

(1)初始化矩阵 A、B 和 C;

(2)创建矩阵 A,并输入矩阵 A 的数据;

(3)输出矩阵 A 的数据;

(4)创建矩阵 B,并输入矩阵 B 的数据;

(5)输出矩阵 B 的数据;

(6)将矩阵 A 和矩阵 B 之和放入矩阵 C 中;

(7)输出矩阵 C。

4.编写一个程序 test3－4.cpp,实现单链存储结构广义表的查找、表尾、深度、逆表等各种基本运算,完成如下功能:

(1)初始化广义表 tq;

(2)输入广义表数据为((a,b),c);

(3)输出广义表 tq;

(4)查找元素 b 是否在广义表中;

(5)输出广义表的表尾;

(6)输出广义表的深度;

(7)输出广义表的逆表。

5.(选做)编写一个程序 test3－5.cpp,求解皇后问题:在 n×n 的方格棋盘上,放置 n 个皇后,要求每个皇后不同行、不同列、不同对角线(要求利用数组存储结构实现)。

三、实验步骤

1.实现顺序串的各种基本运算(test3－1.cpp),参考程序如下:

```
#include <stdio.h>
#define STRMAXSIZE 512
typedef struct {
    char str[STRMAXSIZE + 1];
    int length;
} SString;

/* 将字符数组 t 赋值给字符串 s */
void StrAssign( SString &s, char t[] )
{
    int i;
    for ( i = 0; t[i] != '\0';i++ )
      s.str[i] = t[i];
    s.length = i;
}

/* 将字符串 t 复制给字符串 s */
void StrCopy( SString &s, SString t )
{
    int i;
    for ( i = 0; i < t.length; i++ )
      s.str[i] = t.str[i];
    s.length = t.length;
}
```

```
/* 判断串是否相等,如果相等则返回 1,否则返回 0 */
bool StrEqual( SString s, SString t )
{
    int same = 1, i;
    if ( s.length ! = t.length )
    {
      same = 0;
} else {
    for ( i = 0; i < s.length; i + + )
      if ( s.str[i] ! = t.str[i] )
      {
        same = 0;
        break;
      }
    }
    return(same);
}

/* 计算串的长度 */
int StrLength( SString s )
{
    int i = 0;
    while ( s.str[i] ! = '\0' )
      i + + ;
    s.length = i;
    return(s.length);
}

/* 将字符串 s 和 t 连接为新的字符串 */
SString Concat( SString s, SString t )
{
    SString str;
    int i;
    str.length = s.length + t.length;
    for ( i = 0; i < s.length; i + + )
      str.str[i] = s.str[i];
    for ( i = 0; i < t.length; i + + )
      str.str[s.length + i] = t.str[i];
    return(str);
}

/* 求字符串 s 从第 i 个字符到第 j 个字符的子串 */
SString SubStr( SString s, int i, int j )
```

```
{
    SString str;
    int k;
    str.length = 0;
    if ( i <= 0 || i > s.length || j < 0 || i + j - 1 > s.length )
      return(str);
    for ( k = i - 1; k < i + j - 1; k++ )
      str.str[k - i + 1] = s.str[k];
    str.length = j;
    return(str);
}

/* 在字符串 s1 的第 i 个字符位置处插入字符串 s2 */
SString InsStr( SString s1, int i, SString s2 )
{
    int j;
    SString str;
    str.length = 0;
    if ( i <= 0 || i > s1.length + 1 )
      return(str);
    for ( j = 0; j < i - 1; j++ )
      str.str[j] = s1.str[j];
    for ( j = 0; j < s2.length; j++ )
      str.str[i + j - 1] = s2.str[j];
    for ( j = i - 1; j < s1.length; j++ )
      str.str[s2.length + j] = s1.str[j];
    str.length = s1.length + s2.length;
    return(str);
}

/* 删除字符串 s 从第 i 个字符到第 j 个字符的子串 */
SString DelStr( SString s, int i, int j )
{
    int k;
    SString str;
    str.length = 0;
    if ( i <= 0 || i > s.length || i + j > s.length + 1 )
      return(str);
    for ( k = 0; k < i - 1; k++ )
      str.str[k] = s.str[k];
    for ( k = i + j - 1; k < s.length; k++ )
      str.str[k - j] = s.str[k];
    str.length = s.length - j;
```

```
    return(str);
}

/* 将字符串 s 从第 i 个字符到第 j 个字符的子串替换为字符串 t */
SString RepStr( SString s, int i, int j, SString t )
{
    int k;
    SString str;
    str.length = 0;
    if ( i <= 0 || i > s.length || i + j - 1 > s.length )
      return(str);
    for ( k = 0; k < i - 1; k++ )
      str.str[k] = s.str[k];
    for ( k = 0; k < t.length; k++ )
      str.str[i + k - 1] = t.str[k];
    for ( k = i + j - 1; k < s.length; k++ )
      str.str[t.length + k - j] = s.str[k];
    str.length = s.length - j + t.length;
    return(str);
}

/* 输出串 s 的所有元素 */
void DispStr( SString s )
{
    int i;
    if ( s.length > 0 )
    {
      for ( i = 0; i < s.length; i++ )
        printf( "%c", s.str[i] );
      printf( "\n" );
    }
}

/* 判断串是否为空,如果为空则返回 true,否则返回 false */
bool IsEmpty( SString s )
{
    if ( s.length > 0 )
      return false;
    else
      return true;
}

int main( void )
```

```
{
    void StrAssign( SString &s, char t[] );
    void StrCopy( SString &s, SString t );
    int StrEqual( SString s, SString t );
    int StrLength( SString s );
    SString Concat( SString s, SString t );
    SString SubStr( SString s, int i, int j );
    SString InsStr( SString s1, int i, SString s2 );
    SString DelStr( SString s, int i, int j );
    SString RepStr( SString s, int i, int j, SString t );
    void DispStr( SString s );
    int IsEmpty( SString s );
    charch1[] = "abcdefghijklmn", ch2[] = "xyz", ch3[] = "hijk";
    SString s, s1, s2, s3, s4, s5, s6, t, t1, t2;
    int length, same, kong;
    StrAssign( s, ch1 );                          /* 建立串 s = "abcdefghijklmn" */
    StrAssign( s1, ch2 );                         /* 建立串 s1 = "xyz" */
    StrAssign( t, ch3 );                          /* 建立串 t = "hijk" */
    StrCopy( t1, t );                             /* 将串 t 复制给 t1 */
    printf( "串 t1: " );
    DispStr( t1 );
    length = StrLength( t1 );                     /* 求串 t1 的长度 */
    printf( "串 t1 的长度为:%d\n", length );
    printf( "串 s: " );
    DispStr( s );
    s2 = InsStr( s, 9, s1 );  /* 将串 s1 插入串 s 的第 9 个字符位置处,得串 s2 */
    printf( "串 s2:" );
    DispStr( s2 );                                /* 输出串 s2 */
    s3 = DelStr( s, 2, 5 );  /* 删除串 s 从第 2 个字符开始的 5 个字符而产生串 s3,并输出 s3 */
    printf( "串 s3:" );
    DispStr( s3 );                                /* 输出串 s3 */
    s4 = RepStr( s, 2, 3, s1 );  /* 用串 s1 替换串 s 中从第 2 个字符起的连续 3 个字符得到新串 s4
                                 */
    printf( "串 s4:" );
    DispStr( s4 );                                /* 输出串 s4 */
    s5 = SubStr( s, 2, 10 );  /* 提取串 s 中从第 2 个字符开始的 10 个字符而产生串 s5 */
    printf( "串 s5:" );
    DispStr( s5 );                                /* 输出串 s5 */
    s6 = Concat( s1, t );                         /* 连接串 s1 和 t 而产生串 s6 */
    printf( "串 s6:" );
    DispStr( s6 );                                /* 输出串 s6 */
    same = StrEqual( s1, s5 );                    /* 判断串 s1、s5 是否相等 */
    if ( same == 1 )
```

```
        printf( "串 s1、s5 相等!" );
    else
        printf( "串 s1、s5 不相等!" );
    if ( IsEmpty( s3 ) )                              /* 判断串 s3 是否为空 */
        printf( "\n 串 s3 为空!" );
    else
        printf( "\n 串 s3 不为空! \n" );
}
```

2.求两个字符串的最长公共子串(test3-2.cpp),参考程序如下:

```
#include <stdio.h>
#include <stdlib.h>
#include <string.h>
#define STRMAXSIZE 512
typedef struct {
    char str[STRMAXSIZE + 1];
    sint length;
} SString;

/* 求字符串 S 和 T 的最长公共子串 */
void MaxSubString( SString S, SString T )
{
    int i, j, k, a, c;
    int b = 1;
    int m = T.length;
    int n = S.length;
    int index = 0;                                    /* 第一个匹配项 */
    int maxlen = 0;                                   /* 最大的匹配子串长度 */
    int flag;
    for ( i = 0; i <= n; i++ )
    {
      k = i;
      for ( j = 0; j <= m; j++ )
      {
        a = 0;
        while ( j < m && S.str[k] == T.str[j] )
        {
          k++;
          j++;
          a++;
          flag = 1;
        }
        if ( flag == 1 )
```

```
            {
              if ( a > maxlen )
              {
                maxlen = a;
                index = j - a;                           /* 匹配的首字符 */
              }
            }
        }
    }
    if ( maxlen != 0 )
    {
      printf( "\n公共子串最大长度为：%d,最长公共子串为：", maxlen );
      for (; maxlen > 0; maxlen-- )
      {
        printf( "%c", S.str[index++] );
      }
    printf( "\n\n" );
    }else
    printf( "\n输入的两个字符串无公共子串！\n\n" );
}

int main( void )
{
    SString S, T;
    printf( "请输入第一个字符串 :" );
    gets( S.str );
    printf( "请输入第二个字符串 :" );
    gets( T.str );
    S.length = strlen( S.str );
    T.length= strlen( T.str );
    printf( "\n" );
    printf( "第一个串为：%s,长度：%d\n", S.str, S.length );
    printf( "第二个串为：%s,长度：%d\n", T.str, T.length );
    MaxSubString( S, T );
}
```

3.实现稀疏矩阵A和B之和(test3-3.cpp),参考程序如下：

```
#include<stdlib.h>
#include<string.h>
#include<stdio.h>
typedef int ElemType;
#define MAXSIZE 20                           /* 非零元素个数的最大值 */
typedef struct
```

```
{
    int i, j;                               /* 行下标,列下标 */
    ElemType e;                             /* 非零元素值 */
} SPNode;
typedef struct
{
    SPNode data[MAXSIZE + 1];               /* 非零元素三元组表,从 data[1]开始使用 */
    int mu, nu, tu;                         /* 矩阵的行数、列数和非零元素个数 */
} TPMatrix;

/* 二维数组转三元组 */
void AtoT( int num[][MAXSIZE], TPMatrix *T )
{
    T->tu = 1;
    for ( int i = 1; i <= T->mu; i++ )
    {
      for ( int j = 1; j <= T->nu; j++ )
      {
        if ( num[i][j] != 0 )
    {
          T->data[T->tu].i = i;
          T->data[T->tu].j = j;
          T->data[T->tu].e = num[i][j];
          T->tu++;
      }
    }
  }
  T->tu--;
}

/* 三元组转二维数组 */
void TtoA( TPMatrix T, int num[][MAXSIZE] )
{
    for ( int i = 1; i <= T.tu; i++ )
    {
      num[T.data[i].i][T.data[i].j] = T.data[i].e;
    }
}

/* 创建稀疏矩阵 */
int Create_Matrix( TPMatrix *T )
{
    int num[MAXSIZE][MAXSIZE] = { 0 };
```

```
    printf( "请输入稀疏矩阵的行数和列数\n" );
    scanf( "%d %d", &T->mu, &T->nu );
    printf( "请输入稀疏矩阵的元素\n" );
    for ( int i = 1; i <= T->mu; i++ )
    {
      for ( int j = 1; j <= T->nu; j++ )
      {
        scanf( "%d", &num[i][j] );
      }
    }
    AtoT( num, T );                         /* 将数组转为三元组 */
}

/* 输出稀疏矩阵 */
void PrinTPMatrix( TPMatrix M )
{
    int i, num[MAXSIZE][MAXSIZE] = { 0 };
    printf( " %d行，%d列，%d个非零元素。\n", M.mu, M.nu, M.tu );
    printf( "三元组为:\n" );
    printf( "==========================\n" );
    printf( "%4s %4s %4s\n", "i", "j", "e" );
    printf( "==========================\n" );
    for ( i = 1; i <= M.tu; i++ )
      printf( "%4d %4d %4d\n", M.data[i].i, M.data[i].j, M.data[i].e );
    printf( "==========================\n" );
    TtoA( M, num );
    printf( "矩阵为:\n" );
    printf( "==========================\n" );
    for ( int i = 1; i <= M.mu; i++ )
    {
      for ( int j = 1; j <= M.nu; j++ )
      {
        printf( "%4d", num[i][j] );
      }
      printf( "\n" );
    }
    printf( "==========================\n" );
}

/* 三元组表示的稀疏矩阵加法：C = A + B */
int Matrix_Addition( TPMatrix A, TPMatrix B, TPMatrix *C )
{
    /* 定义矩阵 A 和 B 的行号、列号以及矩阵 A、B、C 三元组的地址 */
```

```
    int row_a, row_b, col_a, col_b, index_a, index_b, index_c;
    C->mu = A.mu;
    C->nu = A.nu;
/* 如果矩阵 A 和 B 行、列不相同则不能相加,返回 0 */
    if ( A.mu != B.mu || A.nu != B.nu )
    {
      return(0);
    }
/* 同时遍历两个三元组,当矩阵 A 或者 B 中任一矩阵的元素取完则循环终止 */
for ( index_a = 1, index_b = 1, index_c = 1; index_a <= A.tu && index_b <= B.tu; )
{
    row_a = A.data[index_a].i;
    row_b = B.data[index_b].i;
    col_a = A.data[index_a].j;
    col_b = B.data[index_b].j;
    if (row_a>row_b)                  /* B 的行号小于 A,复制矩阵 B 到矩阵 C */
    {
      C->data[index_c].i = B.data[index_b].i;
      C->data[index_c].j = B.data[index_b].j;
      C->data[index_c].e = B.data[index_b].e;
      index_b++;
      index_c++;
    } else if ( row_a < row_b )       /* B 的行号大于 A,复制矩阵 A 到矩阵 C */
    {
      C->data[index_c].i = A.data[index_a].i;
      C->data[index_c].j = A.data[index_a].j;
      C->data[index_c].e = A.data[index_a].e;
      index_a++;
      index_c++;
    } else {
      if ( col_a > col_b )            /* 矩阵 B 的列号小于矩阵 A,复制矩阵 B 到矩阵 C */
      {
        C->data[index_c].i = B.data[index_b].i;
        C->data[index_c].j = B.data[index_b].j;
        C->data[index_c].e = B.data[index_b].e;
        index_b++;
        index_c++;
    } else if ( col_a < col_b )       /* 矩阵 B 的列号小于矩阵 A,复制矩阵 A 到矩阵 C */
    {
      C->data[index_c].i = A.data[index_a].i;
      C->data[index_c].j = A.data[index_a].j;
      C->data[index_c].e = A.data[index_a].e;
      index_a++;
```

```
        index_c++;
      }else {                                          /* 相等,判断元素相加是否为零 */
        if ( (A.data[index_a].e + B.data[index_b].e) )     /* 相加不为零 */
        {
          C->data[index_c].i= A.data[index_a].i;        /* 赋值行号给矩阵 C */
          C->data[index_c].j= A.data[index_a].j;        /* 赋值列号给矩阵 C */
          /* 赋值元素相加结果给 C */
          C->data[index_c].e = A.data[index_a].e + B.data[index_b].e;
          index_c++;
        }
        index_a++;
        index_b++;
      }
    }
  }
  while ( index_a <= A.tu )
  {
      /* 矩阵 B 取完,矩阵 A 未取完,将矩阵 A 中所剩元素依次加入矩阵 C 中 */
      C->data[index_c].i= A.data[index_a].i;
      C->data[index_c].j= A.data[index_a].j;
      C->data[index_c].e= A.data[index_a].e;
      index_a++;
      index_c++;
  }
  while ( index_b <= B.tu )
  {
      /* 矩阵 A 取完,矩阵 B 未取完,将矩阵 A 中所剩元素依次加入矩阵 C 中 */
      C->data[index_c].i= B.data[index_b].i;
      C->data[index_c].j= B.data[index_b].j;
      C->data[index_c].e= B.data[index_b].e;
      index_b++;
      index_c++;
    }
    C->tu = index_c - 1;
    return(1);
}

int main( void )
{
    TPMatrix A, B, C;
    printf( "创建矩阵 A\n" );
    Create_Matrix( &A );
    printf( "矩阵 A:\n" );
```

```
    PrinTPMatrix( A );
    printf( "创建矩阵 B\n" );
    Create_Matrix( &B );
    printf( "矩阵 B:\n" );
    PrinTPMatrix( B );
    Matrix_Addition( A, B, &C );
    printf( "矩阵 A 和矩阵 B 之和:\n" );
    PrinTPMatrix( C );
}
```

4.实现单链存储结构广义表的各种基本运算(test3-4.cpp),参考程序如下:

```
#include <stdio.h>
#include <malloc.h>
#include <stdlib.h>
#define maxlen 100
typedef char ElemType;

/* 采用单链存储结构的广义表结构体定义 */
typedef struct GLENode
{
    int tag;                          /* 标志域,tag=0 为元素结点,tag=1 为表结点 */
    union                             /* 元素结点和表结点的联合部分 */
    {
      ElemType data;                  /* 元素结点的值域 */
      struct GLENode *hp;             /* 表结点的表头指针 */
    } val;
    struct GLENode *tp;               /* 指向下一个结点 */
} GList;

/* 栈结构的定义 */
typedef struct
{
    ElemType data[maxlen];
    int top;
}SeqStack;

/* 创建广义表 */
GList *CreateGL( char * &s )
{
    GList *h;
    char ch;
    ch = *s;
    s++;
```

```
    if ( ch ! = '\0' )
    {
      h = (GList * ) malloc( sizeof(GList) );
      if ( ch = = '(' )
      {
        h->tag = 1;
        h->val.hp= CreateGL( s );
      }else if ( ch = = ')' )
        h = NULL;
      else{
        h->tag = 0;
        h->val.data = ch;
    }
}else
    h = NULL;
ch = * s;
s+ + ;
if ( h ! = NULL )
    if ( ch = = ',' )
      h->tp = CreateGL( s );
    else
      h->tp = NULL;
return(h);
}

/* 遍历广义表 */
void DispGL( GList * g )
{
    if ( g ! = NULL )
    {
      if ( g->tag = = 1 )
      {
        printf( "(" );
        if ( g->val.hp = = NULL )
          printf( "" );
        else
          DispGL( g->val.hp );
  }else
      printf( "%c", g->val.data );
    if ( g->tag = = 1 )
      printf( ")" );
    if ( g->tp ! = NULL )
    {
```

```
        printf( "," );
        DispGL( g->tp );
      }
    }
}

/* 求广义表的深度 */
int GLDepth( GList *g )
{
    int max = 0, dep;
    if ( g->tag == 0 )
      return(0);
    g = g->val.hp;
    if ( g == NULL )
      return(1);
    while ( g != NULL )
    {
      if ( g->tag == 1 )
      {
        dep = GLDepth( g );
        if ( dep > max )
          max = dep;
      }
      g = g->tp;
    }
    return(max + 1);
}


/* 求广义表的表尾 */
GList *tail( GList *g )
{
    GList *p = g->val.hp;
    GList *t;
    if ( g == NULL )
    {
      printf( "空表不能求表尾\n" );
      return(NULL);
    }else if ( g->tag == 0 )
    {
      printf( "原子不能求表尾\n" );
      return(NULL);
    }
```

```
    p = p->tp;
    t = (GList *) malloc( sizeof(GList) );
    t->tag = 1; t->tp = NULL;
    t->val.hp = p;
    return(t);
}

/* 查找函数元素 x 是否在广义表 g 中,如果在则 mark = 1,否则 mark = 0 */
void FindGListX( GList *g, char x, int &mark )
{
    if ( g != NULL )
    {
      if ( g->tag == 0 && g->val.data == x )
      {
        mark = 1;
      }else
      if ( g->tag == 1 )
        FindGListX( g->val.hp, x, mark );
      FindGListX( g->tp, x, mark );
    }
}

/* 求广义表的逆表 */
void NIGList( GList *g, SeqStack *s )
{
    if ( g != NULL )
    {
      if ( g->tag == 1 )
      {
        s->top++;
        s->data[s->top] = ')';
        if ( g->val.hp == NULL )
          printf( "" );
        else
          NIGList( g->val.hp, s );
      }else {
        s->top++;
        s->data[s->top] = g->val.data;
      }
      if ( g->tag == 1 )
      {
        s->top++;
        s->data[s->top] = '(';
```

```
        }
        if ( g->tp != NULL )
        {
            s->top++;
            s->data[s->top] = ',';
            NIGList( g->tp, s );
        }
    }
}

/* 输出广义表 */
void Pop( SeqStack *s )
{
    while ( s->top >= 0 )
    {
        printf( "%c", s->data[s->top] );
        s->top--;
    }
}

int main( void )
{
    GList *g, *gt;
    printf( "请输入一个广义表:\n" );
    char str[30];
    char x;
    int y = 0, mark, xz = 1;
    SeqStack *k;
    k = (SeqStack *) malloc( sizeof(SeqStack) );
    k->top = -1;
    char *s = gets( str );
    g = CreateGL( s );
    printf( "你输入的广义表为:\n" );
    DispGL( g );
    printf( "\n" );
    printf( "请输入要查找的元素:" );
    mark = 0;
    getchar();
    scanf( "%c", &x );
    FindGListX( g, x, mark );
    if ( mark )
        printf( "该元素存在于输入的表中! \n" );
    else
```

```
        printf( "该元素不存在于输入的表中! \n" );
    gt = tail( g );
    printf( "表尾:" );
    DispGL( gt );
    printf( "\n" );
    printf( "广义表的深度: % d\n", GLDepth( g ) );
    printf( "广义表的逆表为:\n" );
    NIGList( g, k );
    Pop( k );
    printf( "\n" );
}
```

实验 4　二叉树的建立及应用

一、实验目的

1. 掌握树形数据结构的特点，包括树的定义、基本术语和基本性质。

2. 掌握二叉树的数据结构特性，以及二叉树的存储结构特点和适用范围。

3. 掌握二叉树的遍历方法及算法。

4. 掌握哈夫曼树的建立方法、哈夫曼编码方法和带权路径的计算方法。

5. 培养运用二叉树解决实际问题的能力。

二、实验内容和要求

1. 编写一个程序 test4－1.cpp，实现二叉树 b(图 2.4.1)的各种运算，完成如下功能：

(1)输出二叉树 b；

(2)输出结点 H 的左右孩子结点值；

(3)输出二叉树 b 的高度；

(4)输出结点 G 的层次；

(5)输出二叉树 b 的叶子结点的个数。

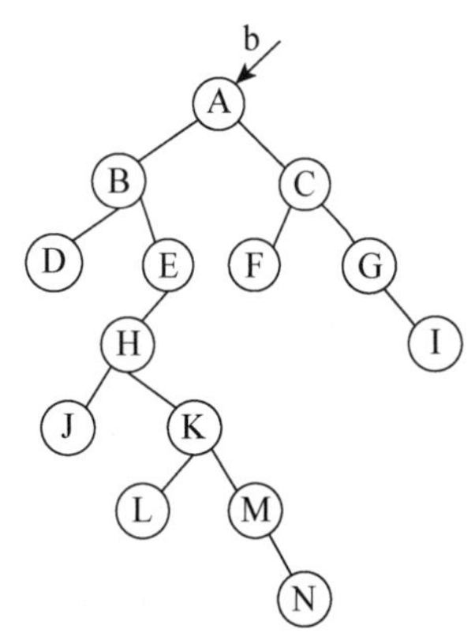

图 2.4.1　二叉树 b

2. 设计一个程序 test4－2.cpp，实现二叉树先序遍历、中序遍历、后序遍历的递归和非递归算法，以及层次遍历的算法，并针对图 2.4.1 所示的二叉树 b 给出求解结果。

3. 设计一个程序 test4－3.cpp，构造一棵哈夫曼树，输出对应的哈夫曼编码和平均查找长度，并用表 2.4.1 所示的数据进行验证。

表 2.4.1 字符及其出现频度

字符	t	o	a	c	b	i	d	h	s	r	n	f	j	p	q
出现频度	1 192	677	541	518	462	450	242	195	190	181	174	157	138	124	123

4.(选做)针对图 2.4.1 所示的二叉树设计一个程序 test4－4.cpp,完成如下功能:
(1)输出所有的叶子结点;
(2)输出所有从叶子结点到根结点的路径;
(3)输出(2)中的第一条最长路径。

三、实验步骤

1. 实现二叉树 b 的各种运算(test4－1.cpp),参考程序如下:

```
#include<stdio.h>
#include<stdlib.h>
#define MaxSize 80

typedef char ElemType ;
typedef struct node
{
    ElemType data;                          /* 存放结点的值 */
    struct node *lchild;                    /* 指向左孩子结点 */
    struct node *rchild;                    /* 指向右孩子结点 */
} BTNode;

int InitBiTree(BTNode *&T)
{
    T = NULL;
    return 1;
}
/* 创建二叉树 b */
void CreateBiTree(BTNode *&T,char *str)
{
    BTNode *St[MaxSize], *p = NULL;
    int top = -1,tag,j = 0;
    char ch;
    T = NULL;                               /* 建立的二叉树初始时为空 */
    ch = str[j];
    while (ch! = '\0') {                    /* str 未扫描完时循环 */
      switch(ch) {
        case '(':
          top++;
          St[top] = p;
```

```
            tag = 1;
            break;                              /* 开始处理左孩子结点 */
        case ')':
            top - - ;
            break;
        case ',':
            tag = 2;
            break;                              /* 开始处理右孩子结点 */
        default:
            p = (BTNode * )malloc(sizeof(BTNode));
            p - >data = ch;
            p - >lchild = p - >rchild = NULL;
            if (T = = NULL)
              T = p;                            /*  * p 为二叉树的根结点 */
            else {                              /* 已建立二叉树根结点 */
              switch(tag) {
                case 1:
                  St[top] - >lchild = p;
                  break;
                case 2:
                  St[top] - >rchild = p;
                  break;
              }
            }
      }
      j + + ;
      ch = str[j];
  }
}
/* 查找结点 x,找到则返回其指针,否则返回 NULL */
BTNode * FindNode(BTNode * T,ElemType x)
{
    BTNode * p;
    if (T = = NULL)
      return NULL;
    else  if (T - >data = = x)
      return T;
    else {
      p = FindNode(T - >lchild,x);
      if (p!  = NULL)
        return p;
      else
        return FindNode(T - >rchild,x);
```

```
    }
}

/* 求二叉树的高度 */
int BiTreeDepth(BTNode *T)
{
    int ldep,rdep;
    if (T==NULL)
      return(0);                              /* 空树的高度为 0 */
    else {
      ldep=BiTreeDepth(T->lchild);            /* 求左子树的高度为 ldep */
      rdep=BiTreeDepth(T->rchild);            /* 求右子树的高度为 rdep */
      return(ldep>rdep)?(ldep+1):(rdep+1);
    }
}

/* 输出二叉树 */
void PrintBiTree(BTNode *T)
{
    if (T!=NULL) {
      printf("%c",T->data);
      if (T->lchild!=NULL || T->rchild!=NULL) {
        printf("(");
        PrintBiTree(T->lchild);               /* 递归处理左子树 */
        printf(",");
        PrintBiTree(T->rchild);               /* 递归处理右子树 */
        printf(")");
      }
    }
}

/* 销毁二叉树 */
void DestroyBiTree(BTNode *&T)
{
    if (T!=NULL) {
      DestroyBiTree(T->lchild);
      DestroyBiTree(T->rchild);
      free(T);
    }
}

/* 先序遍历二叉树 */
void PreOrderTraverse(BTNode *T)
```

```
{
    if (T! = NULL) {
      printf(" %c ",T->data);                /* 访问根结点 */
      PreOrderTraverse(T->lchild);           /* 递归访问左子树 */
      PreOrderTraverse(T->rchild);           /* 递归访问右子树 */
    }
}

/* 中序遍历二叉树 */
void InOrderTraverse(BTNode *T)
{
    if (T! = NULL) {
      InOrderTraverse(T->lchild);            /* 递归访问左子树 */
      printf(" %c ",T->data);                /* 访问根结点 */
      InOrderTraverse(T->rchild);            /* 递归访问右子树 */
    }
}

/* 后序遍历二叉树 */
void PostOrderTraverse(BTNode *T)
{

    if (T! = NULL) {
      PostOrderTraverse(T->lchild);          /* 递归访问左子树 */
      PostOrderTraverse(T->rchild);          /* 递归访问右子树 */
      printf(" %c ",T->data);                /* 访问根结点 */
    }
}

/* 层次遍历二叉树 */
void LevelTraverse(BTNode *T)
{
    BTNode *p;
    BTNode *qu[MaxSize];                     /* 环形队列,存放结点指针 */
    int front,rear;                          /* 定义队头和队尾指针 */
    front = rear = -1;                       /* 置队列为空队列 */
    rear++;
    qu[rear] = T;                            /* 根结点指针进入队列 */
    while (front! = rear) {                  /* 队列不为空 */
      front = (front + 1) % MaxSize;
      p = qu[front];                         /* 队头出队列 */
      printf(" %c ",p->data);                /* 访问结点 */
      if (p->lchild! = NULL) {               /* 有左孩子时将其进队 */
```

```
            rear = (rear + 1) % MaxSize;
            qu[rear] = p - >lchild;
        }
        if (p - >rchild! = NULL) {          /* 有右孩子时将其进队 */
            rear = (rear + 1) % MaxSize;
            qu[rear] = p - >rchild;
        }
    }
}

/* 中序遍历(非递归)二叉树 */
void InOrderNRe(BTNode * T)
{
    BTNode * St[MaxSize], * p;
    int top = - 1;
    p = T;
    while (top> - 1 || p! = NULL) {
        while (p! = NULL) {                 /* 扫描 * p 所有左结点并进栈 */
            top + + ;
            St[top] = p;
            p = p - >lchild;
    }
        if (top> - 1) {
        p = St[top];
        top - - ;                           /* 出栈 * p 结点 */
        printf(" % c ",p - >data);          /* 访问 * p 结点 */
        p = p - >rchild;                    /* 处理右子树 */
        }
    }
}

/* 计算二叉树所有叶子结点个数 */
int LeafNodes(BTNode * T)
{
    if (T = = NULL)
        return 0;                           /* 空树则返回 0 */
    else if (T - >lchild = = NULL && T - >rchild = = NULL)
        return 1;                           /* 二叉树只有 1 个结点则返回 1 */
        else
        return LeafNodes(T - >lchild) + LeafNodes(T - >rchild);
}

/* 计算二叉树中结点 x 的层数,h 设初始值为 1 */
```

```
int LevelRank(BTNode * T,ElemType x,int h)
{
    int k;
    if (T = = NULL)
      return 0;                          /* 空树则返回 0 */
    else if (T - >data = = x)
      return h;                          /* 找到结点时 */
    else {
      k = LevelRank(T - >lchild,x,h + 1);    /* 在左子树中查找 */
      if (k = = 0)                       /* 左子树中未找到,则在右子树中查找 */
        return LevelRank(T - >rchild,x,h + 1);
      else
        return k;
    }
}

int main(void)
{
    char * str = "A(B(D,E(H(J,K(L,M(,N))),)),C(F,G(,I)))";
    BTNode * b, * p, * threadroot, * pre, * post;
    char ch;
    CreateBiTree(b, str);
    printf("二叉树为:");
    PrintBiTree(b);
    printf("\n 先序遍历:");
    PreOrderTraverse(b);
    printf("\n 中序遍历");
    InOrderTraverse(b);
    printf("\n 后序遍历:");
    PostOrderTraverse(b);
    printf("\n 层次遍历:");
    LevelTraverse(b);
    p = FindNode(b, 'H');
    if (p! = NULL && p - >rchild ! = NULL)
      printf("\nH 结点的左右孩子为: %c , %c \n", p - >lchild - >data, p - >rchild - >data);
    printf("二叉树 b 的高度为: %d\n", BiTreeDepth(b));
    ch = 'G';
    printf(" %c 结点的层次为: %d\n", ch, LevelRank(b, ch,0));
    printf("二叉树 b 的叶子结点的个数为: %d",LeafNodes(b));
    DestroyBiTree(b);
    return 1;
}
```

2.参考 test4 - 1.cpp 的程序代码。

3.实现构造哈夫曼树(test4－3.cpp),输出对应的哈夫曼编码和平均查找长度,参考程序如下:

```
#include <stdio.h>
#include <stdlib.h>
#define MAXNUM 50
typedef char DataType;
typedef struct
{
    DataType data;                        /* 数据用字符表示 */
    double weight;                        /* 权值 */
    int parent;                           /* 双亲 */
    int lchild;                           /* 左孩子 */
    int rchild;                           /* 右孩子 */
}HuffNode;

typedef struct                            /* 哈夫曼编码的存储结构 */
{
    DataType cd[MAXNUM];                  /* 存放编码位串 */
    int start;                            /* 编码的起始位置 */
}HuffCode;

/* 构造哈夫曼树 */
void HuffmanCreate(HuffNode ht[],int n)
{
    int i,k,lnode,rnode;
    double min1,min2;
    for(i=0;i<2*n-1;i++)                  /* 对数组进行初始化 */
    {
        ht[i].parent=ht[i].lchild=ht[i].rchild=-1;
    }
    for(i=n;i<2*n-1;i++)
    {
        min1=min2=32767;                  /* 初始化,令min1、min2为整数最大值 */
        lnode=rnode=-1;
        for(k=0;k<=i-1;k++)               /* 从数组ht[]中找权值最小的两个结点 */
        {
          if(ht[k].parent==-1)            /* 只在尚未参与构造的二叉树的结点中查找 */
          {
                if(ht[k].weight<min1)
                {
                    min2=min1;
                    rnode=lnode;
```

```
                min1 = ht[k].weight;
                lnode = k;
            }
            else if(ht[k].weight<min2)
            {
                min2 = ht[k].weight;
                rnode = k;
            }
        }
    }
    ht[i].weight = ht[lnode].weight + ht[rnode].weight;
    ht[i].lchild = lnode;               /* lnode 为新结点的左孩子 */
    ht[i].rchild = rnode;               /* rnode 为新结点的右孩子 */
    ht[lnode].parent = i;
    ht[rnode].parent = i;               /* lnode、rnode 结点的双亲为新结点 i */
  }
  printf("哈夫曼树建立成功! \n");
}

/* 输出哈夫曼编码和平均查找长度 */
void PrintHuffCode(HuffNode ht[],HuffCode hcd[],int n)
{
  int i,k;
  int sum = 0,m = 0,j;
  printf("输出哈夫曼编码:\n");
  for (i = 0;i<n;i++)
  {
   j = 0;
   printf("%c  ",ht[i].data);
   for (k = hcd[i].start;k<=n;k++)      /* 输出哈夫曼编码 */
   {
     printf("%c",hcd[i].cd[k]);
     j++;
   }
  printf("\n");
  m += ht[i].weight;
  sum += ht[i].weight * j;
  }
    printf("\n平均查找长度 = %f",1.0 * sum/m);
}

/* 构造哈夫曼编码 */
void EnCoding(HuffNode ht[],HuffCode hcd[],int n)
```

```
{
    int i,f,c;
    HuffCode hc;
    for(i = 0;i<n;i + + )
    {
        hc.start = n;                       /* 起始位置 */
        c = i;                              /* 从叶子结点开始向上 */
        f = ht[i].parent;
        while(f! = -1)                      /* 直到树根为止 */
        {
            if(ht[f].lchild = = c)
                hc.cd[hc.start - - ] = '0';   /* 规定左子树为代码 0 */
            else
                hc.cd[hc.start - - ] = '1';   /* 规定右子树为代码 1 */
            c = f;
            f = ht[f].parent;
        }
        hc.start + + ;
        hcd[i] = hc;
    }
}

int main()
{
    int n = 15,i;
    char str[] = {'t','o','a','c','b','i','d','h','s','r','n','f','j','p','q'};
    int fnum[] = {1192,677,541,518,462,450,242,195,190,181,174,157,138,124,123};
    HuffNode ht[2 * MAXNUM];
    HuffCode hcd[MAXNUM];
    for (i = 0;i<n;i + + )
    {
      ht[i].data = str[i];
      ht[i].weight = fnum[i];
    }
    HuffmanCreate(ht,n);
    EnCoding(ht,hcd,n);
    PrintHuffCode(ht,hcd,n);
    return 0;
}
```

实验5　图的建立及应用

一、实验目的

1. 掌握图状结构的特点和邻接矩阵、邻接表存储结构。
2. 掌握图的深度优先搜索和广度优先搜索遍历算法。
3. 掌握图的最小生成树、最短路径、拓扑排序等算法。
4. 培养运用图解决实际问题的能力。

二、实验内容和要求

1. 有向带权图G如图2.5.1所示，编写一个程序test5-1.cpp，实现如下功能。

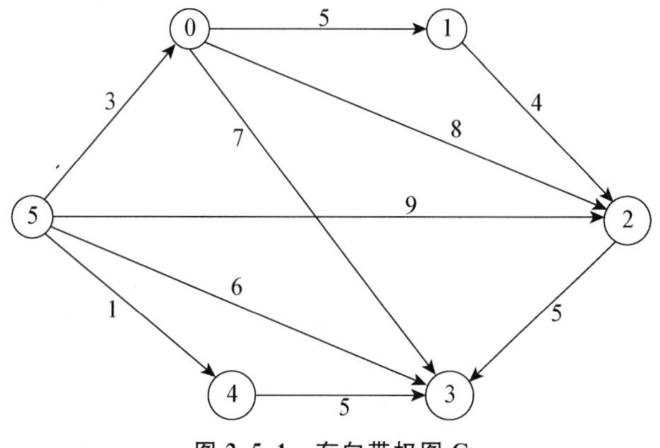

图2.5.1　有向带权图G

(1)输出有向带权图G的邻接矩阵。

(2)由有向带权图G的邻接矩阵产生邻接表。

(3)输出有向带权图G的邻接表。

(4)在邻接矩阵存储结构下求有向带权图G中每个顶点的入度和出度。提示：邻接矩阵上求某点v的入度的函数为InDegreeM(MGraph g,int v)，邻接矩阵上求某点v的出度的函数为OutDegreeM(MGraph g,int v)。

(5)在邻接表存储结构下求有向带权图G中每个顶点的入度和出度。提示：邻接表上求某点v的入度的函数为InDegree(ALGraph *G,int v)，邻接表上求某点v的出度的函数为OutDegree(ALGraph *G,int v)。

(6)输出有向带权图G从顶点0开始的深度优先遍历序列。

(7)输出有向带权图G从顶点0开始的广度优先遍历序列。

(8)(选做)有向带权图 G 采用邻接表存储,设计一个算法,输出有向带权图 G 中从顶点 u 到顶点 v 的所有简单路径。

(9)编写主函数测试以上方法,输出有向带权图 G 的邻接矩阵。提示:主函数中用二位数组构建邻接矩阵的边。

2. 设计一个程序 test5-2.cpp,对于图 2.5.2 所示的无向带权图 G 采用普里姆算法输出从顶点 0 出发的最小生成树。

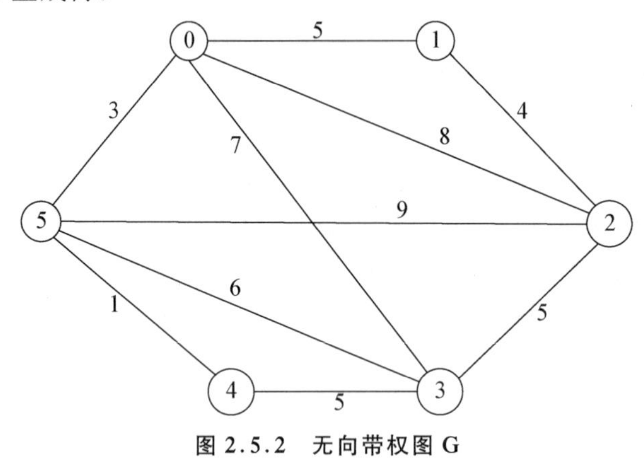

图 2.5.2 无向带权图 G

3. (选做)设计一个程序 test5-3.cpp,采用狄克斯特拉算法,输出图 2.5.1 所示的有向带权图 G 中从顶点 0 到其他各顶点的最短路径和最短路径长度。

三、实验步骤

1. 实现图邻接表、邻接矩阵及遍历算法(test5-1.cpp),参考程序如下:

```
# include <stdio.h>
# include <malloc.h>
# define INF  32767
typedef int InfoType;
#define MAXV 100                              /* 最大顶点个数 */

/* 邻接矩阵类型的定义 */
typedef struct
{     int no;                                 /* 顶点编号 */
      InfoType info;                          /* 顶点其他信息 */
} VertexType;

/* 图的定义 */
typedef struct
{     int edges[MAXV][MAXV];                  /* 邻接矩阵 */
      int n,e;                                /* 顶点数、弧数 */
      VertexType vexs[MAXV];                  /* 存放顶点信息 */
} MGraph;
```

```
/* 邻接表类型的定义 */
typedef struct ANode                          /* 边的结点结构类型 */
{     int adjvex;                             /* 该边的终点位置 */
      struct ANode *nextarc;                  /* 指向下一条边的指针 */
      InfoType info;                          /* 该边的相关信息 */
} ArcNode;

typedef struct Vnode                          /* 邻接表头结点的类型 */
{     int data;                               /* 顶点信息 */
      int count;
      ArcNode *firstarc;                      /* 指向第一条边 */
} VNode;
typedef VNode AdjList[MAXV];                  /* AdjList 是邻接表类型 */
typedef struct
{     AdjList adjlist;                        /* 邻接表 */
      int n,e;                                /* 图中顶点数 n 和边数 e */
} ALGraph;                                    /* 完整的图邻接表类型 */

int visited[MAXV];
/* 将邻接矩阵 g 转换成邻接表 G */
void MatToList(MGraph g,ALGraph *&G)
{
     int i,j,n=g.n;
     ArcNode *p;
     G=(ALGraph *)malloc(sizeof(ALGraph));
     for(i=0;i<n;i++)
       G->adjlist[i].firstarc=NULL;
     for(i=0;i<n;i++)
       for(j=n-1;j>=0;j--)
       {
         if(g.edges[i][j]>0&&g.edges[i][j]<INF)
         {
           p=(ArcNode *)malloc(sizeof(ArcNode));
           p->adjvex=j;
           p->info=g.edges[i][j];
           p->nextarc=G->adjlist[i].firstarc;
           G->adjlist[i].firstarc=p;
         }
         G->adjlist[i].count=0;
       }
     G->n=n;
     G->e=g.e;
```

```
}

/* 输出邻接矩阵 g */
void DispMat(MGraph g)
{
    int i,j;
    for (i=0;i<g.n;i++)
    {
      for (j=0;j<g.n;j++)
        if(g.edges[i][j]>=0 && g.edges[i][j]<INF)
        printf("%5d",g.edges[i][j]);
        else printf("%s","  INF");
      printf("\n");
    }
}

/* 输出邻接表 G */
void DispAdj(ALGraph *G)
{
    int i;
    ArcNode *p;
    for (i=0;i<G->n;i++)
    {
      p=G->adjlist[i].firstarc;
      printf("%3d: ",i);
      while (p!=NULL)
      {
        printf("%3d(%2d)",p->adjvex,p->info);
        p=p->nextarc;
      }
      printf("\n");
    }
}

/* 邻接表上求某点 v 的入度 */
void InDegree(ALGraph *G,int v)
{
    int i;
    ArcNode *p;
    for(i=0;i<G->n;i++)
    {
      p=G->adjlist[i].firstarc;
      while(p!=NULL)
```

```
        {
          if(p->adjvex==v)
            G->adjlist[v].count++;
          p=p->nextarc;
        }
    }
    printf("%3d:%2d\n",v,G->adjlist[v].count);
}

/* 邻接表上求某点 v 的出度 */
void OutDegree(ALGraph *G,int v)
{
    ArcNode *p;
    G->adjlist[v].count=0;
    p=G->adjlist[v].firstarc;
    while(p!=NULL)
    {
      G->adjlist[v].count++;
      p=p->nextarc;
    }
    printf("%3d:%2d\n",v,G->adjlist[v].count);
}

/* 邻接矩阵上求某点 v 的入度 */
void InDegreeM(MGraph g,int v)
{
    int i,num=0;
    for (i=0;i<g.n;i++)
    {
      if(g.edges[i][v]!=0 && g.edges[i][v]!=INF)
        num++;
    }
    printf("%3d:%2d\n",v,num);
}

/* 邻接矩阵上求某点 v 的出度 */
void OutDegreeM(MGraph g,int v)
{
    int i,num=0;
    for (i=0;i<g.n;i++)
    {
      if(g.edges[v][i]!=0 && g.edges[v][i]!=INF)
        num++;
```

```
    }
    printf(" %3d: %2d\n",v,num);
}

/* 深度优先遍历算法 */
void DFS(ALGraph *G,int v)
{
    ArcNode *p;
    visited[v]=1;                          /* 设置已访问标记 */
    printf(" %d  ",v);                     /* 输出被访问顶点的编号 */
    p=G->adjlist[v].firstarc;              /* p指向顶点v的第一条弧的弧头结点 */
    while (p!=NULL)
    {
      if (visited[p->adjvex]==0)           /* 若p->adjvex顶点未访问,则递归访问它 */
        DFS(G,p->adjvex);
      p=p->nextarc;                        /* p指向顶点v的下一条弧的弧头结点 */
    }
}

/* 广度优先遍历算法 */
void BFS(ALGraph *G,int v)
{
    ArcNode *p;
    int queue[MAXV],front=0,rear=0;        /* 定义循环队列并初始化 */
    int visited[MAXV];                     /* 定义存放结点的访问标志的数组 */
    int w,i;
    for(i=0;i<G->n;i++) visited[i]=0;      /* 访问标志数组初始化 */
    printf(" %2d",v);                      /* 输出被访问顶点的编号 */
    visited[v]=1;                          /* 设置已访问标记 */
    rear=(rear+1)%MAXV;
    queue[rear]=v;                         /* v进队 */
    while (front!=rear)                    /* 若队列不为空则循环 */
    {
      front=(front+1)%MAXV;
      w=queue[front];                      /* 出队并赋给w */
      p=G->adjlist[w].firstarc;            /* 找与顶点w邻接的第一个顶点 */
      while (p!=NULL)
      {
        if (visited[p->adjvex]==0)         /* 若当前邻接顶点未被访问 */
        {
          printf(" %2d",p->adjvex);        /* 访问相邻顶点 */
          visited[p->adjvex]=1;            /* 设置该顶点已被访问的标志 */
          rear=(rear+1)%MAXV;              /* 该顶点进队 */
```

```
            queue[rear] = p->adjvex;
          }
          p = p->nextarc;                          /* 找下一个邻接顶点 */
        }
    }
    printf("\n");
}

int main()
{
    int i,j,u = 0,v = 0,d = -4;
    bool flag = false;
    MGraph g;
    ALGraph *G;
      int A[MAXV][6] = {
      {0,5,INF,7,INF,INF},
      {INF,0,4,INF,INF,INF},
      {8,INF,0,INF,INF,9},
      {INF,INF,5,0,INF,6},
      {INF,INF,INF,5,0,INF},
      {3,INF,INF,INF,1,0}};
    g.n = 6;g.e = 10;
    for (i = 0;i<g.n;i++)
      for (j = 0;j<g.n;j++)
        g.edges[i][j] = A[i][j];
    printf("\n");
    printf("有向带权图 G 的邻接矩阵:\n");
    DispMat(g);
    G = (ALGraph *)malloc(sizeof(ALGraph));
    printf("图 G 的邻接矩阵转换成邻接表:\n");
    MatToList(g,G);
    DispAdj(G);
    printf("\n");
    printf("邻接矩阵的入度:\n");
    for(i = 0;i<g.n;i++)
    InDegreeM(g,i);
    printf("邻接矩阵的出度:\n");
    for(i = 0;i<g.n;i++)
      InDegreeM(g,i);
    printf("邻接表的入度:\n");
    for(i = 0;i<G->n;i++)
      InDegree(G,i);
    printf("邻接表的出度:\n");
```

```
    for(i=0;i<G->n;i++)
      OutDegree(G,i);
    printf("深度优先序列:");
    DFS(G,0);
    printf("\n");
    printf("广度优先序列:");
    BFS(G,0);
    printf("\n");
}
```

2.采用普里姆算法输出从顶点0出发的最小生成树(test5-2.cpp),参考程序如下:

```
#include <iostream>
#include <stdio.h>
#define MaxVerNum 100
#define MaxValue 10000
/* 图数据结构定义 */
typedef struct {
    char vexs[MaxVerNum];                      /* 顶点集合 */
    int edges[MaxVerNum][MaxVerNum];           /* 边集合 */
    int n,e;                                   /* 顶点和边 */
} MGraph;

char vertex[]="012345";                        /* 无向带权图顶点 */
int nvertex=6,nedges=10;
/* 顶点之间的权值数组 */
int connection[][3]= {{0,1,5},{0,2,8},{0,3,7},{0,5,3},{1,2,4},{2,3,5},{2,5,9},{3,4,5},{3,
5,6},{4,5,1}};

/* 图的创建 */
void CreateMgraph(MGraph &G)
{
    int i,j,k;
    G.n=nvertex;
    G.e=nedges;
    for(i=0; i<G.n; i++)
      G.vexs[i]=vertex[i];                     /* 顶点 */
    for(i=0; i<G.n; i++)
      for(j=0; j<G.n; j++)
        G.edges[i][j]=MaxValue;                /* 初始化边最大值,没有边 */
    for(i=0; i<G.n; i++)
      G.edges[i][i]=0;                         /* 初始化边为0 */
    for(k=0; k<G.e; k++)
    {
```

```
        i = connection[k][0];
        j = connection[k][1];
        G.edges[i][j] = connection[k][2];
        G.edges[j][i] = G.edges[i][j];
    }
}

/* 图输出 */
void printMgraph(MGraph &G)
{
    int i,j;
    printf("图的结点总数:%d  边总数:%d\n",G.n,G.e);
    for(i = 0; i<G.n; i++)
    {
      for(j = 0; j<G.n; j++)
        if(G.edges[i][j] == 10000)
          printf("∞   ");
        else
          printf("%d   ",G.edges[i][j]);
      printf("\n");
}
}

/* 最小生成树定义 */
typedef struct
{
    int head,tail,cost;
}MSTN;
typedef MSTN MST[MaxVerNum];

/* 普里姆算法 */
void Prim(MGraph &G,MST &T,int u)
{
    int i,j;
    int *lowcost = new int[G.n];
    int *nearvex = new int[G.n];
    for(i = 0; i<G.n; i++)
    {
      lowcost[i] = G.edges[u][i];                /* u到各点的代价 */
      nearvex[i] = u;                            /* 最短带权路径 */
    }
    nearvex[u] = -1;                             /* 加入生成树顶点集合 */
    int k = 0;
```

```
    for(i = 0; i<G.n; i + + )
      if(i! = u)
      {
      int min = MaxValue;
      int v = u;
      for(j = 0; j<G.n; j + + )
        if(nearvex[j]! = - 1 && lowcost[j]<min)     /* 如果 = - 1,则不参选 */
        {
          v = j;
          /* 求生成树外顶点到生成树内顶点具有最小权值的边 */
          /* v是当前具有最小权值的边 */
          min = lowcost[j];

        }
      if(v! = u)
      {
          T[k].tail = nearvex[v];
          T[k].head = v;
          T[k + + ].cost = lowcost[v];
          nearvex[v] = - 1;                   /* 该边加入生成树标记 */
          for(j = 0; j<G.n; j + + )
            if(nearvex[j]! = - 1 && G.edges[v][j]<lowcost[j])
            {
              lowcost[j] = G.edges[v][j];
              nearvex[j] = v;
            }
      }
  }                                           /* 循环n-1次,加入n-1条边 */
}

int main(int argc, const char * argv[])
{
    int i;
    MGraph g;
    CreateMgraph(g);
    printMgraph(g);
    MST t;
    Prim(g,t,0);
    printf("生成树:结点->权值->结点\n");
    for(i = 0; i<g.n; i + + )
      printf("(%d)-->%d-->(%d)\n",t[i].tail,t[i].cost,t[i].head);
    return 1;
}
```

实验 6　查找算法

一、实验目的

1. 掌握顺序表的各种查找算法。

2. 掌握二叉排序树的查找算法。

3. 深刻理解各种查找算法的特点，并能根据实际情况选择合适的查找算法。

4. 培养运用合适的查找算法解决实际问题的能力。

二、实验内容和要求

1. 设计一个程序 test6－1.cpp，采用折半查找法在顺序表{1,3,8,12,24,28,30,31,36,48}中插入元素 26，并保持表的有序性。

2. 设计一个程序 test6－2.cpp，输出在顺序表{8,14,6,9,10,22,34,18,19,31,40,38,54,66,46,71,78,68,80,85,100,94,88,96,87}中采用分块查找法查找关键字 46 的过程。假设每块的块长为 5，共有 5 块。

3. 设计一个程序 test6－3.cpp，实现二叉排序树的建立及结点删除等操作，并在此基础上完成如下功能：

(1)建立序列为{8,5,15,1,3,10,16}的二叉排序树；

(2)输出该二叉排序树的中序遍历序列；

(3)查找结点 5 是否在二叉排序树中；

(4)删除结点 15，并生成新的二叉排序树；

(5)输出删除结点后的二叉排序树的中序遍历序列。

4. (选做) 设计一个程序 test6－4.cpp，实现采用哈希表存储的电话号码的查询，具体要求如下：

(1)每一个电话记录有电话号码、姓名和地址 3 个数据元素；

(2)使用键盘输入多个记录，以电话号码为关键字建立哈希表；

(3)采用链地址法解决冲突；

(4)能够查找并显示给定电话号码的相关记录。

三、实验步骤

1. 采用折半查找法在顺序表中插入元素(test6－1.cpp)，参考程序如下：

```
#include <stdio.h>
#define MAXL 100                         /* 定义表中最多记录个数 */
typedef int KeyType;
typedef char InfoType[10];

/* 顺序表数据结构 */
typedef struct
{
    KeyType key;                         /* KeyType 为关键字的数据类型 */
    InfoType data;                       /* 其他数据 */
} NodeType;
typedef NodeType SqList[MAXL];           /* 顺序表类型 */

/* 采用折半查找算法将 k 插入顺序表 R 中 */
int BinSearch(SqList R,int n,KeyType k)
{
    int low=0,high=n-1,mid,pos,i;
    int find=0 ;
    while (low<=high && ! find)
    {
      mid=(low+high)/2;
      if (k<R[mid].key)                  /* 查找成功则返回 */
        high=mid-1;
      else if(k>R[mid].key)
        low=mid+1;
      else find=1;
    }
    pos=find? mid:low;                   /* 插入位置是下标为 pos 的位置元素 */
    for(i=n-1; i>=pos; i--)              /* 将下标为 n-1 至 pos 的元素依次向后移 */
      R[i+1].key=R[i].key;
    R[pos].key=k;                        /* 将 k 存入下标为 pos 的位置中 */
    return ++n;
}

int main()
{
    SqList R;
    KeyType k=26;
    int a[]= {1,3,8,12,24,28,30,31,36,48},i,n=10;
    for (i=0; i<n; i++)                  /* 建立顺序表 */
      R[i].key=a[i];
    printf("关键字序列:");
    for (i=0; i<n; i++)
```

```
        printf(" %d ",R[i].key);
    printf("\n");
    n = BinSearch(R,n,k);
    printf("插入%d的序列如下:\n",k);
    for (i = 0; i<n; i++)
        printf(" %d ",R[i].key);
}
```

2.输出在顺序表中采用分块查找法查找关键字的过程(test6-2.cpp),参考程序如下:

```
#include <stdio.h>
#define MAXL 100                        /* 定义表中最多记录个数 */
#define MAXI 20                         /* 定义索引表的最大长度 */
typedef int KeyType;
typedef char InfoType[10];
typedef struct {
    KeyType key;                        /* KeyType为关键字的数据类型 */
    InfoType data;                      /* 其他数据 */
} NodeType;
typedef NodeType SeqList[MAXL];         /* 顺序表类型 */
typedef struct {
    KeyType key;                        /* KeyType为关键字的类型 */
    int link;                           /* 指向分块的起始下标 */
} IdxType;
typedef IdxType IDX[MAXI];              /* 索引表类型 */

/* 分块查找算法 */
int IdxSearch(IDX I,int m,SeqList R,int n,KeyType k) {
int low = 0,high = m - 1,mid,i,count1 = 0,count2 = 0;
int b = n/m;                            /* b为每块的记录个数 */
printf("二分查找\n");
/* 在索引表中进行二分查找,找到的位置存放在low中 */
while (low<=high) {
    mid = (low + high)/2;
    printf("第%d次比较:在[%d,%d]中比较元素R[%d]:%d\n",count1 + 1,low,high,mid,R[mid].
key);
    if (I[mid].key>=k)
        high = mid - 1;
    else
        low = mid + 1;
    count1++;                           /* count1为累计在索引表中比较的次数 */
}
/* 在索引表中查找成功后,再在线性表中进行顺序查找 */
if (low<m) {
```

```
        printf("比较 %d 次,在第 %d 块中查找元素 %d\n",count1,low,k);
        i = I[low].link;
        printf("顺序查找:\n");
        while (i<= I[low].link + b - 1 && R[i].key! = k) {
          i++;
          count2++;
          printf(" %d ",R[i].key);
        }                               /* count2 为累计在顺序表对应块中比较的次数 */
        printf("\n");
        printf("比较 %d 次,在顺序表中查找元素 %d\n",count2,k);
        if (i<= I[low].link + b - 1)
          return i;
        else
          return -1;
    }
    return -1;
    }

    int main() {
    SeqList R;
    KeyType k = 46;
    IDX I;
    int a[] = {8,14,6,9,10,22,34,18,19,31,40,38,54,66,46,71,78,68,80,85,100,94,88,96,87},i;
    for (i = 0; i<25; i++)              /* 建立顺序表 */
        R[i].key = a[i];
    I[0].key = 14;
    I[0].link = 0;
    I[1].key = 34;
    I[1].link = 4;
    I[2].key = 66;
    I[2].link = 10;
    I[3].key = 85;
    I[3].link = 15;
    I[4].key = 100;
    I[4].link = 20;
    if ((i = IdxSearch(I,5,R,25,k))! = -1)
        printf("元素 %d 的位置是 %d\n",k,i);
    else
        printf("元素 %d 不在表中\n",k);
    printf("\n");
    }
```

3.实现二叉排序树的建立及结点删除等操作(test6-3.cpp),参考程序如下:

```
#include <stdio.h>
#include <stdlib.h>
#define inforType int
#define KeyType int
/* 二叉排序树的结点结构定义 */
typedef struct BSTNode {
    KeyType key;                              /* 结点值 */
    inforType data;                           /* 结点的其他相关信息 */
    struct BSTNode *lchild, *rchild;          /* 结点的左右孩子指针 */
} BSTNode, *BSTree;

/* 以*p为根结点的BST中插入一个关键字为k的结点,插入成功则返回1,否则返回0 */
int InsertBST(BSTNode *&p,KeyType k)
{
    if (p==NULL) {                            /* 原树为空,新插入的记录为根结点 */
      p=(BSTNode *)malloc(sizeof(BSTNode));
      p->key=k;
      p->lchild=p->rchild=NULL;
      return 1;
} else if  (k==p->key)                        /* 存在相同关键字的结点,则返回0 */
    return 0;
else if (k<p->key)
    return InsertBST(p->lchild,k);            /* 插入左子树中 */
else
    return InsertBST(p->rchild,k);            /* 插入右子树中 */
}

/* 从关键字数组A[n]生成二叉排序树算法 */
BSTNode *CreatBST(KeyType A[],int n)
{
    BSTNode *bt=NULL;                         /* 初始时,bt为空树 */
    int i=0;
    while (i<n)  {
      InsertBST(bt,A[i]);                     /* 将A[i]插入二叉排序树bt中 */
      i++;
    }
    return bt;                                /* 返回建立的二叉排序树的根指针 */
}
/* 在二叉排序树bt上查找关键字为k的记录,成功则返回该结点指针,否则返回NULL */
BSTNode *SearchBST(BSTNode *bt,KeyType k)
{
    if (bt==NULL || bt->key==k)               /* 递归终结条件 */
      return bt;
```

```
    if (k<bt->key)
      return SearchBST(bt->lchild,k);        /* 在左子树中递归查找 */
    else
      return SearchBST(bt->rchild,k);        /* 在右子树中递归查找 */
}
/* 当被删结点 p 有左右子树时的删除过程 */
void Delete1(BSTNode *p,BSTNode *&r)
{
    BSTNode *q;
    if (r->rchild! = NULL)
      Delete1(p,r->rchild);                  /* 递归找最右下结点 */
    else  {                                  /* 找到了最右下结点 r */
      p->key=r->key;                         /* 将 r 的关键字值赋给结点 p */
      q=r;
      r=r->lchild;                           /* 将左子树的根结点放在被删结点的位置上 */
      free(q);                               /* 释放原 r 的空间 */
    }
}

/* 从二叉排序树中删除 p 结点 */
void Delete(BSTNode *&p)
{
    BSTNode *q;
    if (p->rchild= =NULL)  {                 /* p 结点没有右子树的情况 */
      q=p;
      p=p->lchild;                           /* 其右子树的根结点放在被删结点的位置上 */
      free(q);
    } else if (p->lchild= =NULL)  {          /* p 结点没有左子树的情况 */
      q=p;
      p=p->rchild;                           /* 将 p 结点的右子树作为双亲结点的相应子树 */
      free(q);
} else Delete1(p,p->lchild);                 /* p 结点既没有左子树也没有右子树的情况 */
}

/* 在二叉排序树 bt 中删除关键字为 k 的结点 */
int DeleteBST(BSTNode *&bt, KeyType k)
{
    if  (bt= =NULL) return 0;                /* 空树删除失败 */
    else {
      if (k<bt->key)
      return DeleteBST(bt->lchild,k);        /* 递归在左子树中删除为 k 的结点 */
    else if (k>bt->key)
      return DeleteBST(bt->rchild,k);        /* 递归在右子树中删除为 k 的结点 */
```

```
    else  {
      Delete(bt);                                    /* 调用 Delete(bt)函数删除结点 bt */
      return 1;
    }
  }
}

/* 二叉排序树中序输出 */
void InOrderBST(BSTree bt)
{
    if (bt == NULL) {
      return ;
    }
    InOrderBST(bt->lchild);
    printf(" %d ", bt->key);
    InOrderBST(bt->rchild);
}

int main()
{
    int i;
    int a[7] = { 8,5,15,1,3,10,16 };
    BSTNode *T;
    T = CreatBST(a,7);
    printf("二叉排序树的中序遍历为:\n");
    InOrderBST(T);
    printf("\n");
    if(SearchBST(T,5)! = NULL)
      printf("结点 5 在二叉排序树中! \n");
    else
      printf("结点 5 不在二叉排序树中! \n");
    printf("删除结点 15 后,新的二叉排序树的中序遍历为:\n");
    DeleteBST( *&T, 15);
    InOrderBST(T);
}
```

实验 7　排序算法

一、实验目的

1. 了解排序的方法、过程和原则。
2. 掌握插入排序、快速排序、堆排序等排序算法。
3. 理解各种排序方法的特点，并能根据实际问题灵活运用。
4. 培养运用合适的排序算法解决实际问题的能力。

二、实验内容和要求

1. 设计一个程序 test7－1.cpp，实现希尔插入排序算法，并输出{9,8,7,6,5,4,3,2,1,0}的排序过程。

2. 设计一个程序 test7－2.cpp，实现快速排序算法，并输出{6,8,7,9,0,1,3,2,4,5}的排序过程。

3. 设计一个程序 test7－3.cpp，实现堆排序算法，并输出{6,8,7,9,0,1,3,2,4,5}的排序过程。

4.（选做）设计一个程序 test7－4.cpp，实现二路归并排序算法，并输出{18,2,20,34,12,32,6,16,5,8}的排序过程。

三、实验步骤

1. 实现希尔插入排序算法(test7－1.cpp)，参考程序如下：

```
#include <stdio.h>
#define MAXV 20
/* 待排序的记录类型定义 */
typedef int KeyType;
typedef char InfoType;
typedef struct RecordType
{
    KeyType key;                         /* 关键字项 */
    InfoType otherdata;                  /* 其他数据项 */
}RecordType;                             /* 记录类型 */
```

```
/* 希尔插入排序 */
void ShellSort(RecordType R[],int n)
{
    int i,j,d,k;
    RecordType temp;
    d = n/2;                                    /* d 取初值 n/2 */
    while (d>0)
    {
      for (i = d;i<n;i + + )        /* 将 R[d··n - 1]分别插入各组当前有序区中 */
      {
        j = i - d;
        while (j> = 0 && R[j].key>R[j + d].key)
        {
          temp = R[j];                          /* R[j]与 R[j + d]交换 */
          R[j] = R[j + d];
          R[j + d] = temp;
          j = j - d;
        }
      }
      printf("当 d = %d: ",d);                  /* 输出每一趟的排序结果 */
      for(k = 0;k<n;k + + )
          printf(" %d  ",R[k].key);
      printf("\n");
          d = d/2;                              /* 递减增量 d */
      }
}

int main()
{
    RecordType R[MAXV];
    int i,n;
    printf("希尔插入排序:\n");
    printf("输入记录的个数:");
    scanf(" %d",&n);
    printf("输入初始关键字:");
    for(i = 0;i<n;i + + )
      scanf(" %d",&R[i].key);
    ShellSort(R,n);
    printf("希尔插入排序的最终结果为:");
    for(i = 0;i<n;i + + )
      printf(" %d  ",R[i].key);
    printf("\n\n");
}
```

2.实现快速排序算法(test7-2.cpp),参考程序如下:

```
#include <stdio.h>
#define MAXV 20
typedef int KeyType;
typedef char InfoType;
typedef struct RecordType {
    KeyType key;                              /* 关键字项 */
    InfoType otherdata;                       /* 其他数据项 */
} RecordType;                                 /* 记录类型 */

/* 对R[low]~R[high]的元素进行快速排序 */
void QKSort(RecordType R[],int low,int high) {
    int i = low,j = high,k;
    RecordType temp;
    if(low<high) {                            /* 区间内至少存在一个元素的情况 */
      temp = R[low];                          /* 以区间的第1个记录作为基准 */
      while (i! = j) {            /* 从区间两端交替向中间扫描,直至i=j为止 */
        while (j>i && R[j].key>temp.key)
          j--;                    /* 从右向左扫描,找第1个关键字小于temp.key的R[j] */
        R[i] = R[j];
        while (i<j && R[i].key<temp.key)
          i++;                    /* 从左向右扫描,找第1个关键字大于temp.key的R[i] */
        R[j] = R[i];
}
R[i] = temp;
printf("划分区间为R[%d··%d],结果为:",low,high);
for(k = 0; k<10; k++)
    if(k = = i)
      printf("[%d]  ",R[k].key);
    else
      printf(" %d  ",R[k].key);
      printf("\n");
      QKSort(R,low,i-1);                      /* 对左区间递归排序 */
      QKSort(R,i+1,high);                     /* 对右区间递归排序 */
    }
}

int main() {
    RecordType R[MAXV];
    int i,n;
    printf("快速排序:\n");
    printf("输入记录的个数:");
```

```
    scanf("%d",&n);
    printf("输入初始关键字:");
    for(i=0; i<n; i++)
      scanf("%d",&R[i].key);
    printf("快速排序:\n");
    QKSort(R,0,n-1);
    printf("快速排序的最终结果为:");
    for(i=0; i<n; i++)
      printf("%d  ",R[i].key);
}
```

3.实现堆排序算法(test7-3.cpp),参考程序如下:

```
#include <stdio.h>
#define MAXV 20
typedef int KeyType;
typedef char InfoType;
typedef struct RecordType {
    KeyType key;                                   /* 关键字项 */
    InfoType otherdata;                            /* 其他数据项 */
} RecordType;                                      /* 记录类型 */

/* 以括号表示法输出建立的堆 */
void DispHeap(RecordType R[],int i,int n) {
    if (i<=n)
      printf("%d",R[i].key);                       /* 输出根结点 */
    if (2*i<=n || 2*i+1<n) {
      printf("(");
      if (2*i<=n)
        DispHeap(R,2*i,n);                         /* 递归调用输出左子树 */
      printf(",");
      if (2*i+1<=n)
        DispHeap(R,2*i+1,n);                       /* 递归调用输出右子树 */
      printf(")");
    }
}

/* 以 R[s]结点为根的子树的筛选,使数组 R[s…m]成为大根堆 */
void HeapAdjust(RecordType R[], int s, int m)
{
    int j;
    RecordType rc;
    rc = R[s];
    for(j=2*s; j<=m; j=j*2) {                      /* 沿关键码较大的子结点向下筛选 */
```

```
        if(j<m && R[j].key< R[j+1].key)
          j=j+1;                                /* j为关键码较大的元素下标 */
        if(rc.key>= R[j].key)                   /* 筛选算法结束 */
          break;
          else {/* 如果rc的关键字小于左右孩子的最大关键字,则交换并继续筛选 */
            R[s]=R[j];
            s=j;
          }
  }
  R[s]=rc;                                      /* 被筛选结点的值放入的最终位置 */
  }

/* 对R[1]~R[n]的元素进行堆排序,并实现排序过程输出 */
void HeapSort(RecordType R[],int n) {
      int i,j;
      int count=1;
      RecordType temp;
      for (i=n/2; i>=1; i--)                    /* 循环建立初始堆 */
        HeapAdjust(R,i,n);
printf("初始堆:");
DispHeap(R,1,n);
printf("\n");                                   /* 输出初始堆 */
for (i=n; i>=2; i--) {                          /* 进行n-1次循环,完成堆排序 */
      printf("第%d趟排序:\n",count++);
      printf("交换%d与%d,输出%d\n",R[i].key,R[1].key,R[1].key);
      temp=R[1];                     /* 将第一个元素同当前区间内的R[1]交换 */
      R[1]=R[i];
      R[i]=temp;
      printf("排序结果:");           /* 输出每一趟的排序结果 */
      for (j=1; j<=n; j++)
        printf("%d  ",R[j].key);
      printf("\n");
      HeapAdjust(R,1,i-1);           /* 筛选R[1]结点,得到i-1个结点的堆 */
      printf("筛选调整得到堆:");
      DispHeap(R,1,i-1);
      printf("\n");
  }
}

int main() {
      int i,k,n;
      RecordType R[MAXV];
      printf("堆排序:\n");
```

```
    printf("输入记录的个数:");
    scanf("%d",&n);
    printf("输入初始关键字:");
    for(i=1; i<=n; i++)
      scanf("%d",&R[i].key);
    printf("\n");
    for(i=n/2; i>=1; i--)                  /* 循环建立初始堆 */
      HeapAdjust(R,i,n);
    HeapSort(R,n);
    printf("堆排序的最终结果为:");          /* 输出最终结果 */
    for(k=1; k<=n; k++)
      printf("%d  ",R[k].key);
    printf("\n");
}
```

第 3 部分　数据结构与算法课程设计

课程设计1　课程设计题目库

题目一、排序综合

问题描述：利用随机函数产生N个随机整数（20 000以上），采用多种方法对这些数进行排序。

基本要求：

（1）至少采用5种方法实现上述问题的求解，并把排序后的结果保存在不同的文件中。提示：可采用的方法有插入排序、希尔排序、起泡排序、快速排序、选择排序、堆排序、归并排序。

（2）统计每一种排序方法的性能（以上机运行程序所花费的时间为准进行对比），找出其中两种较快的方法。

题目二、连接城市的最小生成树

问题描述：给定一个地区的n个城市间的距离网，用Prim算法或Kruskal算法建立最小生成树，并计算得到的最小生成树的代价。

基本要求：城市间的距离网采用邻接矩阵表示，邻接矩阵的存储结构定义采用《数据结构与算法》（石玉强、闫大顺主编）一书中给出的定义，若两个城市之间不存在道路，则将相应边的权值设为自己定义的无穷大值。要求在屏幕上显示得到的最小生成树中包括了哪些城市间的道路，并显示得到的最小生成树的代价。

输入：表示城市间的距离网的邻接矩阵（要求至少6个城市、10条边）。

输出：最小生成树中包括的边及其权值，并显示得到的最小生成树的代价。

题目三、学生管理系统

问题描述：对某大学的学生进行管理，包括学生记录的新增、删除、查询、修改、排序等功能。

基本要求：学生对象包括学号、姓名、性别、出生年月、入学年月、住址、电话、成绩等信息。系统的主要功能如下。

（1）新增：将新增学生对象按姓名以字典方式存储在学生管理文件中。

（2）删除：从学生管理文件中删除一名学生对象。

（3）查询：从学生管理文件中查询符合某些条件的学生。

(4)修改:检索某个学生对象,对其某些属性进行修改。

(5)排序:按某种需要对学生对象文件进行排序。

题目四、约瑟夫双向生死游戏

问题描述:约瑟夫双向生死游戏是在约瑟夫生者死者游戏的基础上,先正向计数后反向计数,然后再正向计数。具体描述如下:30位旅客同乘一条船,因为严重超载,加上风高浪大,危险万分,因此船长告诉乘客,只有将全船一半的旅客投入海中,其余人才能幸免遇难。无奈,大家只得同意,并议定30个人围成一圈,由第一个人开始,顺时针依次报数,数到第9人,便把他投入大海中,然后从他的下一个人数起,逆时针数到第5人,将他投入大海;然后从他逆时针的下一个人数起,顺时针数到第9人,再将他投入大海。如此循环,直到剩下15位乘客为止。问哪些位置的人将被扔下大海。

基本要求:本游戏的数学建模如下:假设n位旅客排成一个环形,依次顺序编号1,2,…,n。从某个指定的第1号开始,沿环计数,数到第m个人就让其出列;然后从第m+1个人反向计数到m-k+1个人,让其出列;然后从m-k个人开始重新正向沿环计数,再数m个人后让其出列,然后再反向数k个人后让其出列。这个过程一直进行到剩下q位旅客为止。

输入要求:

(1)旅客的个数,也就是n的值;

(2)正向计数的间隔数,也就是m的值;

(3)反向计数的间隔数,也就是k的值;

(4)所有旅客的序号作为一组数据存放在某种数据结构中。

输出要求:

(1)离开旅客的序号;

(2)剩余旅客的序号。

题目五、实验室预约系统

问题描述:某学院实验室实行全天开放,学生可以根据自己的学习进度自行安排实验时间,但是每个实验有一个限定的时间,例如某实验要在近两周内完成。假设近期将要做的实验可以安排在周一下午、周三下午、周五下午三个时间(可以根据实际情况进行调整),不妨称为时间一、时间二、时间三,这三个时间做实验的学生可以用队列来存储。

基本要求:

(1)插入:将预约做实验的学生插入合适的时间队列中。

(2)删除:时间队列中前5位学生可以在该时间做实验。

(3)查询:教师可以随时查询某个时间队列中学生的预约情况。

(4)修改:没做实验之前,学生可以对预约的时间进行修改。

(5)输出:输出每个时间队列中预约的学生名单。

题目六、学生搭配问题

问题描述：一班有 m 个女生，n 个男生（m 不等于 n），现要开一个舞会，男、女生分别编号坐在舞池两边的椅子上。每曲开始时，依次从男生和女生中各出一人配对跳舞，本曲没成功配对者坐着等待下一曲匹配舞伴。

基本要求：利用队列设计一个系统，动态模拟上述过程，功能要求如下：

(1)输出每曲配对情况；

(2)计算出任何一个男生（编号为 X）和任意女生（编号为 Y），在第 K 曲配对跳舞的情况，至少求出 K 的两个值；

(3)尽量设计多种算法及程序，可视情况适当加分。

题目七、压缩器/解压器

问题描述：为了节省存储空间，常常需要把文本文件采用压缩编码的方式存储。例如，一个包含 1 000 个 x 的字符串和 2 000 个 y 的字符串的文本文件在不压缩时占用的空间为 3 002 字节（每个 x 或每个 y 占用一个字节，两个字节用来表示串的结尾）。如果这个文件采用游程长度编码（run-length coding）可以存储为字符串 1 000x2 000y，仅为 10 个字母，占用 12 个字节。若采用二进制表示游程长度（1 000 和 2 000）可以进一步节约空间。如果每个游程长度占用 2 个字节，则可以表示的最大游程长度为 2 * pow(16)，这样，该字符串只需要用 8 个字节来存储。读取编码文件时，需要对其进行解码。由压缩器（compressor）对文件进行编码，由解压器（decompressor）进行解码。

基本要求：

(1)采用长度-游程编码的压缩/解压；

(2)采用 LZW 压缩/解压（散列）；

(3)采用哈夫曼编码压缩/解压（哈夫曼树）。

至少选用两种压缩/解压策略实现压缩器/解压器。输入的是文本文件(.txt)，输出的是一种自定义的文件(.nz)。考虑当文本中的字符集合为{a,b,c,…,z,0,1,2,…,9}时，请用实例测试压缩器/解压器。测试压缩器会不会出现抖动，即压缩后的文件比原来的文件还要大。扩充文本中的字符集合以便使压缩器/解压器适应更一般的情况。

题目八、MD5 算法设计与实现

问题描述：设计一个实现 MD5 算法的程序。

基本要求：

(1)能够将任何文件和数据集合生成一个 MD5 的值。

(2)能够根据互联网下载的文件及其 MD5 值进行验证。

题目九、多校区交通管理系统

问题描述：设计一个程序实现多个校区交通车的管理，满足师生对交通的需求。

基本要求：

(1)必须能够满足上课教师的乘坐要求；

(2)实现学生和教师预约上车；

(3)司机和车辆的管理；

(4)临时停车点管理。

题目十、迷宫与栈问题

问题描述：以一个 m×n 的长方阵表示迷宫，0 和 1 分别表示迷宫中的通路和障碍。设计一个程序，对任意设定的迷宫，求出一条从入口到出口的通路，或得出没有通路的结论。

基本要求：

(1)首先实现一个以链表作为存储结构的栈类型，然后编写一个求解迷宫通路的非递归程序，求得的通路以三元组(i,j,d)的形式输出。其中，(i,j)指示迷宫中的一个坐标，d 表示走到下一坐标的方向。

(2)编写递归形式的算法，求得迷宫中所有可能的通路。

(3)以方阵形式输出迷宫及其通路。

题目十一、算术表达式与二叉树

问题描述：一个表达式和一棵二叉树之间存在自然的对应关系。写一个程序，实现基于二叉树表示的算术表达式的操作。

基本要求：假设算术表达式 Expression 内可以含有变量(a～z)、常量(0～9)和二元运算符 +、-、*、/、^(乘幂)，实现以下操作。

(1)ReadExpre(E)：以字符序列的形式输入语法正确的前缀表达式，并构造表达式 E。

(2)WriteExpre(E)：用带括号的中缀表达式输出表达式 E。

(3)Assign(V,c)：实现对变量 V 的赋值(V=c)，变量的初值为 0。

(4)Value(E)：对算术表达式 E 求值。

(5)CompoundExpr(P,E1,E2)：构造一个新的复合表达式(E1)P(E2)。

题目十二、银行业务模拟与离散事件模拟

问题描述：假设某银行有 4 个窗口对外接待客户，从早晨银行开门(开门 9:00am，关门 5:00pm)起不断有客户进入银行。由于每个窗口在某个时刻只能接待一个客户，因此客户人数较多时需要在每个窗口前顺次排队，对于刚进入银行的客户(建议：客户进入时间使用随机函

数产生),如果某个窗口的业务员正空闲,则客户可到该窗口办理业务;反之,若4个窗口均有客户,刚进入银行的客户便会排在人数最少的队伍后面。

基本要求:编制一个程序,模拟银行的业务活动并计算一天中客户在银行逗留的平均时间。

功能要求如下:

(1)客户到达时间随机产生,一天内客户的人数设定为100人;

(2)银行业务员处理业务的时间随机产生,平均处理时间10分钟;

(3)将一天的数据(包括业务员和客户的数据)以文件方式输出。

题目十三、文学研究助手与模式匹配算法 KMP

问题描述:文学研究人员需要统计某篇英文小说中某些形容词的出现次数和位置。试写一个实现这一目标的文字统计系统。

基本要求:

(1)英文小说存于一个文本文件中。待统计的词汇集合要一次性输入完毕,即统计工作必须在程序的一次运行之后就全部完成。程序的输出结果是每个词的出现次数和出现位置所在行的行号,格式自行设计。待统计的单词在文本中不跨行出现,它可以从行首开始,或者前置一个空格符。

(2)模式匹配要基于KMP算法;

(3)推广到更一般的模式集匹配问题,并设置待统计的单词可以在文本中跨行出现。

题目十四、校园导游咨询与最短路径

问题描述:从某学院/大学的平面图中选取有代表性的景点(10～15个),抽象成一个无向带权图。以图中顶点表示景点,边上的权值表示两地之间距离。

基本要求:根据用户指定的始点和终点输出相应路径,或者根据用户的指定输出景点的信息,为用户提供路径咨询。

(1)从某学院/大学的平面图中选取有代表性的景点(10～15个),抽象成一个无向带权图,以图中顶点表示校内各景点,存放景点名称、代号、简介等信息;以边表示路径,存放路径长度等信息。

(2)为用户提供图中任意景点相关信息的查询。

(3)为用户提供图中任意景点的问路查询,即查询任意两个景点之间最短的简单路径。

(4)区分汽车线路与步行线路。

题目十五、哈夫曼编/译码器

问题描述:利用哈夫曼编码进行通信可以大大提高信道利用率,缩短信息传输时间,降低传输成本。但是,这要求在发送端通过一个编码系统对待传数据预先编码,在接收端将传来的数据进行译码(复原)。对于双工信道(即可以双向传输信息的信道),每端都需要一个完整的编/译码系统。试为这样的信息收发站写一个哈夫曼码的编/译码系统。

基本要求：

(1)I：初始化(initialization)。从终端读入字符集大小 n，以及 n 个字符和 n 个权值，建立哈夫曼树，并将它存于文件 hfmTree 中。

(2)E：编码(encoding)。利用已建好的哈夫曼树(如果不在内存中，则从文件 hfmTree 中读入)，对文件 ToBeTran 中的正文进行编码，然后将结果存入文件 CodeFile 中。

(3)D：译码(decoding)。利用已建好的哈夫曼树对文件 CodeFile 中的代码进行译码，结果存入文件 TextFile 中。

(4)P：打印代码文件(print)。将文件 CodeFile 以紧凑格式显示在终端上，每行 50 个代码。同时，将此字符形式的编码文件写入文件 CodePrin 中。

(5)T：打印哈夫曼树(tree printing)。将已在内存中的哈夫曼树以直观的方式(树或凹入表形式)显示在终端上，同时将此字符形式的哈夫曼树写入文件 TreePrint 中。

题目十六、内部排序算法比较

问题描述：在《数据结构与算法》(石玉强、闫大顺主编)一书中，各种内部排序算法的时间复杂度分析结果只给出了算法执行时间的阶或大概执行时间，试通过随机数据比较各种算法的关键字比较次数和关键字移动次数，以取得直观感受。

基本要求：对以下 7 种常用的内部排序算法进行比较：冒泡排序、直接插入排序、简单选择排序、希尔排序、堆排序、归并排序、快速排序。

(1)待排序表的表长不小于 100；

(2)数据要用伪随机数程序产生；

(3)至少要用 5 组不同的输入数据做比较；

(4)比较的指标为有关键字参加的比较次数和关键字的移动次数(关键字交换计为 3 次移动)；

(5)对结果做出简单分析，包括对各组数据得出结果波动大小的解释。

题目十七、简单行编辑程序

问题描述：文本编辑器程序是利用计算机进行文字加工的基本软件工具，实现对文本文件的插入、删除等修改操作。限制这些操作以行为单位进行的编辑程序称为行编辑程序。

被编辑的文本文件可能很大，全部读入编辑程序的数据空间(内存)的做法既不经济，也不总能实现。一种解决办法是逐段地编辑，即任何时刻只把待编辑文件的一段放在内存中，作为活区。试按照这种方法实现一个简单的行编辑程序(设文件每行不超过 320 个字符)。

基本要求：该程序应实现以下 4 条基本编辑命令。

(1)行插入。格式为 i＜行号＞＜回车＞＜文本＞＜回车＞，将＜文本＞插入活区中第＜行号＞行之后。

(2)行删除。格式为 d＜行号 1＞[＜空格＞＜行号 2＞]＜回车＞，删除活区中第＜行号 1＞(到第＜行号 2＞行)，例如“d10”和“d10 14”。

(3)活区切换。格式为 n<回车>，将活区写入输出文件，并从输入文件中读入下一段，作为新的活区。

(4)活区显示。格式为 p<回车>，逐页(每页 20 行)显示活区内容，每显示一页之后请用户决定是否继续显示以后各页(如果存在)，印出的每一行要前置行号和一个空格符，行号固定占 4 位，增量为 1。

各条命令中的行号均须在活区中各行行号范围之内，只有插入命令的行号可以等于活区第一行行号减 1，表示插入当前屏幕中第一行之前，否则命令参数非法。

题目十八、动态查找表

问题描述：利用二叉排序树完成动态查找表的建立、指定关键字的查找、插入与删除指定关键字结点。

算法输入：指定一组数据。

算法输出：显示二叉排序树的中序遍历结果、查找成功与否的信息、插入和删除后的中序遍历结果(排序结果)。

算法要点：二叉排序树建立方法、动态查找方法，对树进行中序遍历。

题目十九、学生成绩管理

问题描述：对学生的成绩管理进行简单的模拟，用菜单选择的方式完成下列功能：登记学生成绩、查询学生成绩、插入学生成绩、删除学生成绩。

算法输入：功能要求或学生信息。

算法输出：操作结果。

算法要点：把问题看成是对线性表的操作。将学生成绩组织成顺序表，则登记学生成绩即建立顺序表操作；查询学生成绩、插入学生成绩、删除学生成绩即在顺序表中进行查找、插入和删除操作。

题目二十、马踏棋盘

问题描述：将马随机放在国际象棋的 8×8 棋盘(Bord[8Ⅱ8])的某个方格中，马按走棋规则进行移动。要求每个方格上只进入一次，走遍棋盘上全部 64 个方格。

基本要求：编制非递归程序，求出马的行走路线，并按求出的行走路线，将数字 1，2，…，64 依次填入一个 8×8 的方阵，并将其输出。自行指定一个马的初始位置。

提示：每次在多个可走位置中选择一个进行试探，其余未曾试探过的可走位置必须用适当结构妥善管理，以备试探失败时的“回溯”(悔棋)使用。

题目二十一、Joseph 环

问题描述：编号是 1，2，…，n 的 n 个人按照顺时针方向围坐一圈，每个人只有一个密码(正整数)。一开始任选一个正整数作为报数上限值 m,从第一个人开始顺时针方向自 1 开始顺序报数,报到 m 时停止报数。报 m 的人出列,将他的密码作为新的 m 值,从他在顺时针方向的下一个人开始重新从 1 报数,如此下去,直到所有人全部出列为止。

基本要求:设计一个程序,求出出列顺序。

题目二十二、运动会分数统计

问题描述:参加运动会的有 n 个学校,学校编号为 1,2,…,n。比赛分成 m 个男子项目和 w 个女子项目。项目编号为男子 1,…,m,女子 m+1,…,m+w。不同的项目取前五名或前三名积分:取前五名的积分分别为 7、5、3、2、1,前三名的积分分别为 5、3、2。哪些取前五名或前三名由学生自己设定(m≤20,n≤20)。

基本要求:

(1)可以输入各个项目的前三名或前五名的成绩。

(2)能统计各学校总分。

(3)可以按学校编号、学校总分、男女团体总分排序输出。

(4)可以按学校编号查询学校某个项目的情况,也可以按项目编号查询取得前三名或前五名的学校。

规定:输入数据形式和范围,如 20 以内的整数(如果做得更好可以输入学校的名称、运动项目的名称)。

输出形式:有中文提示,各学校分数为整形数据。

界面要求:有合理的提示,每个功能可以设立菜单,根据提示可以完成相关的功能要求。

存储结构:学生根据系统功能要求自己设计存储结构,但是要将运动会的相关数据存储在数据文件中。

题目二十三、哈希表的应用

问题描述:利用哈希表进行存储。

基本要求:

(1)针对一组数据进行哈希表初始化,可以进行显示哈希表、查找元素、插入元素、删除元素、退出程序操作。

(2)用除留余数法构造哈希函数,用线性探测再散列处理冲突。

(3)用户可以进行创建哈希表、显示哈希表、查找元素、插入元素、删除元素等操作。

题目二十四、关键路径问题

问题描述:设计一个程序,求出完成整项工程至少需要多少时间以及整项工程中的关键活动。

功能要求:

(1)对于一个描述工程的 AOE 网,应判断该工程是否能够顺利进行。

(2)若该工程能顺利进行,输出完成整项工程至少需要多少时间,以及每一个关键活动所依附的两个顶点:最早发生时间、最迟发生时间。

题目二十五、电网建设造价计算

问题描述:假设一个城市有 n 个小区,要实现 n 个小区之间电网的互相连通,构造这个城市 n 个小区之间的电网,使总工程造价最低。请设计一个能满足要求的造价方案。

基本要求:如果每个小区之间都设置一条电网线路,则 n 个小区之间最多可以有 n(n-1)/2 条线路,选择其中的 n-1 条使总的耗费最少。可以用连通网来表示 n 个小区及 n 个小区之间可能设置的电网线路,其中网的顶点表示小区,边表示两个小区之间的线路,赋予边的权值表示相应的代价。对于 n 个顶点的连通网可以建立许多不同的生成树,每一棵生成树都可以是一个电路网。现在要选择总耗费最少的生成树,就是构造连通网的最小代价生成树的问题,一棵生成树的代价就是树上各边的代价之和。

设 G=(V, E)是具有 n 个顶点的网络,T=(U, TE)为 G 的最小生成树,U 是 T 的顶点集合,TE 是 T 的边集合。Prim 算法的基本思想是:首先从集合 V 中任取一个顶点(例如顶点 v0)放入集合 U 中,这时 U={ v0},TE=NULL。然后找出的边,这些边的所有一个顶点在集合 U 里,另一个顶点在集合 V-U 里,使权(u, v)(u∈U, v∈V-U)最小。最后将该边放入 TE,并将顶点 v 加入集合 U。重复上述操作直到 U=V 为止。这时 TE 中有 n-1 条边,T=(U, TE)就是 G 的一棵最小生成树。

题目二十六、一元稀疏多项式计算器

问题描述:设计一个一元稀疏多项式简单计算器。

基本要求:一元稀疏多项式简单计算器的基本功能如下。

(1)输入并建立多项式。

(2)输出多项式,输出形式为整数序列,即 n,cl,el,c2,e2,…,cn,en,其中 n 是多项式的项数,ci 和 ei,分别是第 i 项的系数和指数,序列按指数降序排列。

(3)多项式 a 和 b 相加,建立多项式 a+b;

(4)多项式 a 和 b 相减,建立多项式 a-b。

题目二十七、药店的药品销售统计系统

问题描述:设计一个系统,实现医药公司定期对各药品的销售记录进行统计,可按药品的编号、单价、销售量或销售额做出排名。

基本要求:首先从数据文件中读出各药品的信息记录,存储在顺序表中。各药品的信息包括药品编号、药名、药品单价、销出数量、销售额。药品编号共 4 位,采用字母和数字混合编号,如 A125,前一位为大写字母,后 3 位为数字,按药品编号进行排序时,可采用基数排序法。对各药品的单价、销售量或销售额进行排序时,可采用多种排序方法,如直接插入排序、冒泡排序、快速排序、直接选择排序等方法。本系统中对单价的排序采用冒泡排序法,对销售量的排

序采用快速排序法，对销售额的排序采用堆排序法。

题目二十八、文本格式化

问题描述：输入文件中含有待格式化（或称待排版）的文本，它由多行文字组成。例如，一篇英文文章，每一行由一系列被一个或多个空格符所隔开的字组成，任何完整的字都没有被分割在两行（每行最后一个字与下一行的第一个字之间在逻辑上应该由空格分开），每行字符数不超过 80 个。除了上述文本类字符之外，还存在起控制作用的字符：符号“@”指示它后面的正文在格式化时应另起一段排放，即空一行，并在段首缩进 2 个字符位置，“@”自成一个字。

一个文本格式化程序可以处理上述输入文件，按照用户指定的版面规格重排版面，实现页内调整、分段、分页等文本处理功能，排版结果输出到文本文件中。

基本要求：

(1)输出文件中，字与字之间只留一个空格符，即实现多余空格符的压缩。

(2)在输出文件中，任何完整的字仍不能分割在两行，行尾可以不对齐，但行首要对齐（即左对齐）。

(3)如果所要求的每页页底所空行数不少于 3，则将页号印在页底空行中第 2 行的中间位置上，否则不印。

(4)版面要求的参数要包含以下内容。

页长(PageLength)：每页内文字（不计页号）的行数。

页宽(PageWidth)：每行内文字所占最大字符数。

左空白(LeftMargin)：每行文字前的固定空格数。

头长(HeadingLength)：每页页顶所空行数。

脚长(FootingLength)：每页页底所空行数（含页号行）。

起始页号(StartingPageNumber)：首页的页号。

题目二十九、串基本操作的演示

问题描述：如果语言没有把串作为一个预先定义好的基本类型对待，又需要用该语言写一个涉及串操作的软件系统时，用户必须自己实现串类型。试实现串类型，并写一个串的基本操作的演示系统。

基本要求：在用堆分配存储表示实现串类型的最小操作子集的基础上，实现串抽象数据类型的其余基本操作（不使用 C 语言本身提供的串函数），参数合法性检查必须严格。

利用上述基本操作函数构造一个命令解释程序，循环往复地处理用户键入的每一条命令，直至终止程序的命令为止。命令定义如下。

(1)赋值。格式为 A <串标识> <回车>，用<串标识>所表示的串的值建立新串，并显示新串的内部名和串值。

(2)判相等。格式为 E <串标识 1> <串标识 2> <回车>，若两串相等，则显示“EQUAL”，否则显示“UNEQUAL”。

(3)连接。格式为 C <串标识 1> <串标识 2> <回车>，将两串拼接产生结果串，将它的内部名和串值都显示出来。

(4)求长度。格式为L＜串标识＞ ＜回车＞,显示串的长度。

(5)求子串。格式为S ＜串标识＞ +＜数1＞+＜数2＞＜回车＞,如果参数合法,则显示子串的内部名和串值,＜数＞不带正负号。

(6)子串定位。格式为I ＜串标识1＞ ＜串标识2＞ ＜回车＞,显示第二个串在第一个串中首次出现时的起始位置。

(7)串替换。格式为R ＜串标识1＞ ＜串标识2＞ ＜串标识3＞ ＜回车＞,将第一个串中所有出现的第二个串用第三个串替换,显示结果串的内部名和串值,原串不变。

(8)显示。格式为P ＜回车＞,显示所有在系统中被保持的串的内部名和串值的对照表。

(9)删除。格式为D ＜内部名＞ ＜回车＞,删除该内部名对应的串,即赋值的逆操作。

(10)退出。格式为Q ＜回车＞,结束程序的运行。

在上述命令中,如果一个自变量是串,则应首先建立它。基本操作函数的结果(即函数值)如果是一个串,则应在尚未分配的区域内新辟空间存放。

题目三十、稀疏矩阵运算器

问题描述:稀疏矩阵是指那些多数元素为零的矩阵,利用矩阵的稀疏特点进行存储和计算可以大大节省存储空间,提高计算效率。实现一个能进行稀疏矩阵基本运算的运算器。

基本要求:以"带行逻辑链接信息"的三元组顺序表表示稀疏矩阵,实现两个矩阵相加、相减和相乘的运算。稀疏矩阵的输入形式采用三元组表示,而运算结果的矩阵则以通常的阵列形式列出。

题目三十一、重言式判别

问题描述:一个逻辑表达式如果对于其变元的任一种取值都为真,则称为重言式;反之,如果对于其变元的任一种取值都为假,则称为矛盾式。然而,更多的情况下,既非重言式,也非矛盾式。试写一个程序,通过真值表判断一个逻辑表达式属于上述哪一类。

基本要求:

(1)逻辑表达式从终端输入,长度不超过一行。逻辑运算符包括"|""&"和"~",分别表示或、与和非,运算优先程度递增,但可由括号改变,即括号内的运算优先。逻辑变元为大写字母。表达式中任何地方都可以含有多个空格符。

(2)若是重言式或矛盾式,可以只显示"True forever"或"False forever",否则显示"Satisfactible"以及变量名序列,与用户交互。若用户对表达式中的变元取定一组值,程序就求出并显示逻辑表达式的值。

题目三十二、教学计划编制问题

问题描述:大学的每个专业都要制订教学计划。假设任何专业都有固定的学习年限,每学年含两学期,每学期的时间长度和学分上限值均相等。每个专业开设的课程都是确定的,而且课程在开设时间的安排上必须满足先修关系。每门课程有哪些先修课程是确定的，可以有任意多门，也可以没有。每门课程恰好占一个学期。试在这样的前提下设计一个教学计划编制程序。

基本要求：

(1)输入参数包括学期总数，一学期的学分上限，每门课程的课程号(固定占3位的字母数字串)、学分和直接先修课的课程号。

(2)允许用户指定下列两种编排策略之一：一是使学生在各学期中的学习负担尽量均匀，二是使课程尽可能地集中在前几个学期中。

(3)若问题在给定的条件下无解，则报告适当的信息，否则将教学计划输出到用户指定的文件中。计划的表格格式自行设计。

题目三十三、图书管理

问题描述：图书管理基本业务活动包括对一本书的采编入库、清除库存、借阅和归还等。试设计一个图书管理系统，使上述业务活动能够借助计算机系统完成。

基本要求：

(1)每种书的登记内容至少包括书号、书名、著者、现存量和总库存量5项。

(2)作为演示系统，不必使用文件，全部数据可以都在内存中存放。但是由于采编入库、清除库存、借阅和归还4项基本业务活动都是通过书号(即关键字)进行的，所以要用B树(24树)对书号建立索引，以提高效率。

(3)系统应实现的操作及其功能定义如下。

采编入库：新购入一种书，经分类和确定书号之后登记到图书账目中去。如果这种书在账目中已存在，则只需将总库存量增加。

清除库存：某种书已无保留价值，将它从图书账目中注销。

借阅：如果一种书的现存量大于零，则借出一本，登记借阅者的图书证号和归还期限。

归还：注销对借阅者的登记，改变该书的现存量。

显示：以凹入表的形式显示B树，其目的是便于调试和维护。

题目三十四、稀疏矩阵的完全链表表示及其运算

问题描述：稀疏矩阵的每个结点包含down、right、row、col和value 5个域。用单独一个结点表示一个非零项，并将所有结点连接在一起，形成两个循环链表。第一个表即行表，把所有结点按照行序(同一行内按列序)用right域链接起来。第二个表即列表，把所有结点按照列序(同一列内按行序)用down域链接起来。这两个表共用一个头结点。另外，增加一个包含矩阵维数的结点。稀疏矩阵的这种存储表示称为完全链表表示。实现一个完全链表系统进行稀疏矩阵运算，并分析下列操作函数的计算时间和额外存储空间的开销。

基本要求：建立一个界面友好的菜单式系统进行下列操作，并使用适当的测试数据测试该系统。

(1)读取一个稀疏矩阵建立其完全链表表示。

(2)输出一个稀疏矩阵的内容。

(3)删除一个稀疏矩阵。

(4)两个稀疏矩阵相加。

(5)两个稀疏矩阵相减。

(6)两个稀疏矩阵相乘。

(7)稀疏矩阵的转置。

题目三十五、通讯录的制作

问题描述:设计一个通讯录管理程序。

基本要求:

(1)每条信息至少包含姓名、性别、电话、城市、邮编几项内容。

(2)作为一个完整的系统,应具有友好的界面和较强的容错能力。

功能要求如下:

(1)显示提示菜单。根据菜单的选项调用各函数,并完成相应的功能。

(2)能在通讯录的末尾写入新的信息,并返回菜单。

(3)能按姓名、电话、城市 3 种方式查询某人的信息;如果找到了,则显示该人的信息;如果未找到,则提示通讯录中没有此人的信息,并返回菜单。

(4)能修改某人的信息,如果未找到要修改的人,则提示通讯录中没有此人的信息,并返回菜单(按姓名、电话 3 种方式查询)。

(5)能删除某人的信息,如果未找到要删除的人,则提示通讯录中没有此人的信息,并返回菜单(按姓名、电话 3 种方式查询)。

(6)能显示通讯录中的所有记录。

(7)通讯录中的信息以文件形式保存。

题目三十六、双层停车场管理

问题描述:有一个两层的停车场,每层有 6 个车位,当车停满第一层后才允许使用第二层(停车场可用一个二维数组实现,每个数组元素存放一个车牌号)。每辆车的信息包括车牌号、层号、车位号、停车时间 4 项,其中停车时间按分钟计算。

基本要求:

(1)假设停车场初始状态为第一层已经停有 4 辆车,其车位号依次为 1～4,停车时间依次为 20、15、10、5,即先将这四辆车的信息存入文件 car.dat 中(数组的对应元素也要进行赋值)。

(2)停车操作:当一辆车进入停车场时,先输入其车牌号,再为它分配一个层号和一个车位号(分配前先查询车位的使用情况,如果第一层有空位则必须停在第一层),停车时间设为 5,最后将新停入的汽车的信息添加文件到 car.dat 中,并将在此之前的所有车的停车时间加 5。

(3)收费管理:当有车离开时,输入其车牌号,先按其停车时间计算费用,每 5 分钟 0.2 元(停车费用可设置一个变量进行保存),同时从文件 car.dat 中删除该车的信息,并将该车对应的车位设置为可使用状态(即二维数组对应元素清零),按用户的选择来判断是否要输出停车收费的总计。

(4)输出停车场中全部车辆的信息。

(5)退出系统。

题目三十七:家谱管理系统

问题描述:实现一个家谱管理系统。

基本要求:

(1)输入文件存放家谱中各成员的信息,成员的信息中均应包含以下内容:姓名、出生日期、婚否、地址、健在否、死亡日期(若其已死亡),也可附加其他信息,但不是必需的。

(2)实现数据的写入和从文件中读取的操作。

(3)显示家谱。

(4)显示第 n 代所有人的信息。

(5)按照姓名查询,输出成员信息(包括其本人、父亲、孩子的信息)。

(6)按照出生日期查询成员名单。

(7)输入两人姓名,确定其关系。

(8)某成员添加孩子。

(9)删除某成员(若其还有后代,则一并删除)。

(10)修改某成员信息。

(11)按出生日期对家谱中所有人排序。

(12)打开家谱时,提示当天生日的健在成员。

建立至少 30 个成员的数据,以较为直观的方式显示结果,并提供文稿形式的输出以便检查。

界面要求:有合理的提示,每个功能可以设立菜单,可以根据提示完成相关的功能要求。

存储结构:学生根据系统功能要求自主设计,但是要求相关数据要存储在数据文件中。

测试数据:要求使用全部合法数据和局部非法数据两种测试数据,进行程序测试,以保证程序的稳定性。

题目三十八、车厢调度

问题描述:假设铁路调度站入口处的车厢序列的编号依次为 1,2,3,…,n。设计一个程序,求出所有可能由此输出的长度为 n 的车厢序列。

基本要求:首先在栈的顺序存储结构 SqStack 之上实现栈的基本操作,即实现栈类型。程序对栈的任何存取(即更改、读取和状态判别等操作)必须借助基本操作进行。

(1)输入形式为整数,输入值为 100 以内的整数。

(2)输出形式为整数,以 2 位的固定位宽输出。

(3)输入车厢长度 n,输出所有可能的车厢序列。

(4)测试数据取 n=3、4、0、101。

提示:一般来说,在操作过程的任何状态下都有两种可能的操作:“入”和“出”。每个状态下处理问题的方法都是相同的，这说明问题本身具有天然的递归特性，可以考虑用递归算法实现，输入序列可以仅由一对整形变量表示，即给出序列头/尾编号。

题目三十九、航空订票系统

问题描述：航空客运订票的业务活动包括查询航线、客票预订和办理退票等。试设计一个航空客运订票系统，以使上述业务可以借助计算机来完成。

基本要求：

(1)每条航线所设计的信息有终点站名、航班号、飞机号、星期几飞行、乘员定额、余票量、已订票的客户名单(包括姓名、订票量、舱位等级)，以及等候替补的客户名单(包括姓名和所需票量)。

(2)作为示意系统，全部数据可以只存放在内存中。

(3)系统能实现的操作功能如下。

查询航线：根据旅客提出的终点站名输出航班号、飞机号、星期几飞行、最近一天航班的日期和余票额。

承办订票业务：根据客户提出的要求(航班号和订票数额)查询该航班票额情况，若尚余票则为客户办理订票手续，输出座位号；若已满员或余票额少于订票额，则需重新询问客户要求，客户若需要可登记排队候补。

承办退票业务：根据客户提供的信息(日期、航班)为客户办理退票手续，然后查询该航班是否有人排队候补，首先询问排在第一位的客户，若退票额能满足其要求，则为其办理订票手续，否则依次询问其他排队候补的客户。

题目四十、汽车牌照管理系统

问题描述：排序和查找是数据处理中使用频度极高的操作，为加快查找的速度，需实现对数据记录按关键字排序。在汽车数据的信息模型中，汽车牌照是关键字，而且是具有结构特点的一类关键字，因为汽车牌照号是数字和字母混编的，例如01B7328，这种记录集合是一个适合利用多关键字进行排序的典型例子。

基本要求：

(1)首先利用链式基数排序方法实现排序，然后利用折半查找方法，实现对汽车记录按关键字进行查找。

(2)汽车记录集合可以人工录入，也可以由计算机自动随机生成。

课程设计 2　课程设计报告实例

设计题目:文章编辑系统

1.设计任务

对于输入的文章,文章编辑系统可以简便、快捷地实现统计文章的数字、空格和字母的个数等,以及查找和删除特定字符串等操作。

2.功能结构设计

根据文章编辑系统的详细要求,可将程序的运行分为 3 个模块,即文章统计模块、文章查找模块、文章删除模块。系统通过构造多个线性表,将输入文章的每一行字符都分别静态存储在相应的线性表中。假设每个线性表的存储容量不超过 80 个字符。文章输入结束后,系统输出指令菜单,列出系统可以合法执行的操作指令,并选择输入合法的指令,以执行相应的指令操作。依照设计任务要求,程序设计了 6 大功能,分别为统计文章中总字符数、统计文章中空格个数、统计文章中数字个数、统计文章中英文字母数、删除文章中指定字符串、统计文章中指定字符串数量,并且为每一项功能提供相应的执行指令。

系统的执行流程如图 3.2.1 所示。首先按要求输入文章,然后按照指令菜单选择要执行的指令,程序判断指令,并且执行相应的指令操作,输出指令执行结果后,重新返回指令菜单,再次等待指令输入。指令输入和指令执行为无限循环,在用户退出程序前,程序不会自动结束。

3.函数功能分析

(1)数据结构体定义。

文本行采用顺序存储,行与行之间采用链式存储,每行最长不超过 80 个字符,数据存储结构体定义如下:

```
typedef struct line
{
    char * data;                          /* 数据 */
    struct line * next;                   /* 指针 */
}LINE;
```

(2)系统核心函数。

①文章总字数统计函数(CountAll(LINE * &head)):统计文章所有的字符数,包括空格,其中 head 为文章链表的头指针地址。

② 文章中的空格数统计函数(CountSpace(LINE * &head)):统计字符串链表中的空格

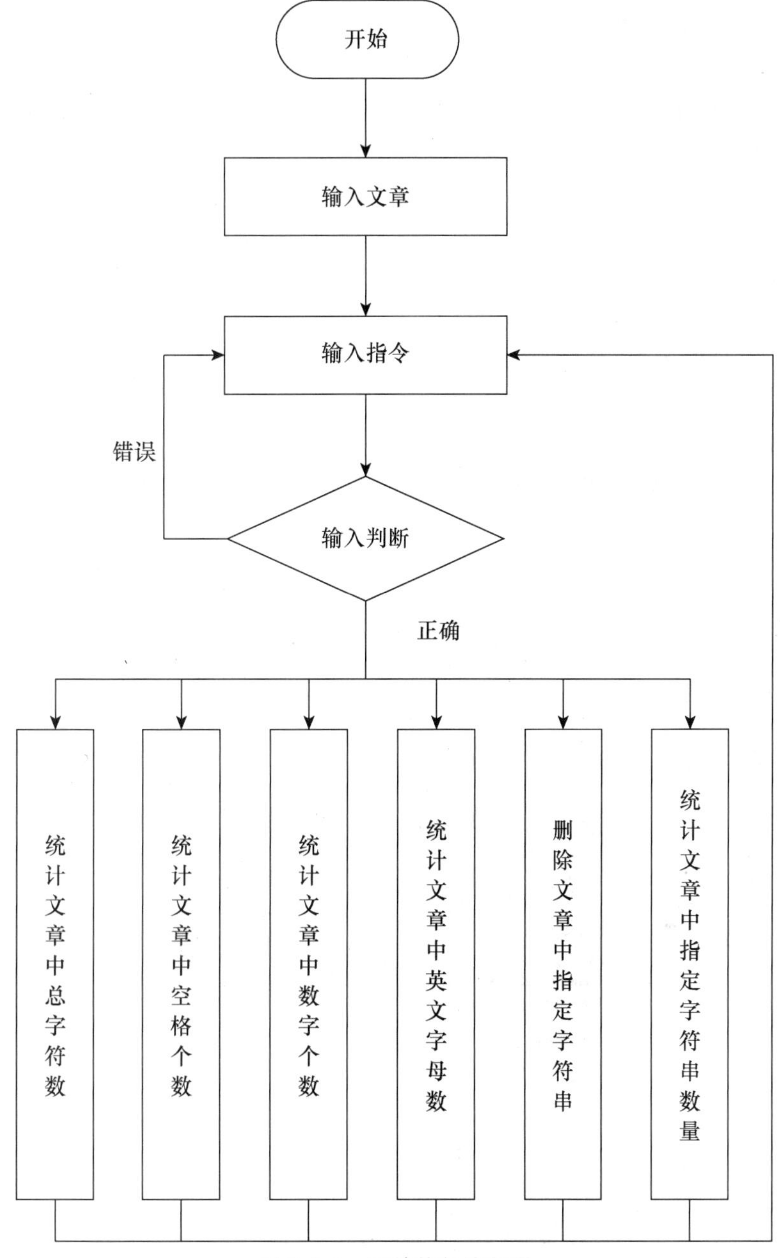

图 3.2.1　系统执行流程图

数，其中 head 为文章链表的头指针地址。

③ 文章中数字个数函数(CountNumber(LINE ＊&head))：统计字符串链表中的数字个数，其中 head 为文章链表的头指针地址。

④ 文章中英文字母数统计函数(CountLetter(LINE ＊&head))：统计字符串链表中的英文字母个数，其中 head 为文章链表的头指针地址。

⑤字符串查找函数(FindString(LINE ＊&head, char ＊str))：查找在链表中出现的特定的字符串，其中 head 为文章链表的头指针地址，str 是要查找的字符串。

⑥字符串删除函数(DelString(LINE ＊&head, char ＊str))：删除链表中出现的特定的

字符串,其中 head 为文章链表的头指针地址,str 是要删除的字符串。

4.程序测试

项目功能测试要求:输入一页文字,每行最多不超过 80 个字符,共 N 行,系统可以统计出文字、数字、空格的个数。

功能测试要求:

(1)分别统计出英文字母数、空格数及整篇文章的总字数。

(2)统计某一字符串在文章中出现的次数,并输出该次数。

(3)删除某一子串,并将后面的字符前移。

输入形式:分别输入大写、小写的英文字母、数字及标点符号 4 种形式的字符。

输出形式:

(1)分行输出用户输入的各行字符。

(2)分 4 行输出“全部字母数”“数字个数”“空格个数”和“文章总字数”,输出删除某一字符串后的文章。

系统初始化界面如图 3.2.2 所示。

请输入一篇文章，并以#为结尾(每行最多输入 80 个字符！)：

图 3.2.2 系统初始化界面

输入文章后的系统运行界面如图 3.2.3 所示。

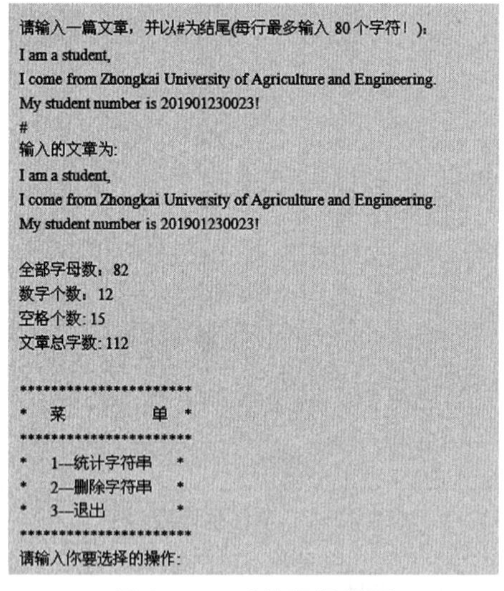

图 3.2.3 系统运行界面

5.小结

经过两个星期的集中实践,本人基本完成了课程设计任务。在完成设计的过程中,我遇到了一系列的问题,能明显感觉到自己在很多方面的不足。问题是要分析、解决的,找出问题可以为完善学习计划、改变学习内容与方法提供实践依据。所以在整个课程设计过程中,我不断加深了对数据结构的理解,了解了程序写书时要注意的事项,体会了“数据结构与算法”这门课程在解决现实问题上的可行性,也更进一步地激发了我的学习热情。

问题越多，明白的也就越来越多，做一次课程设计就像从头到尾做了一次系统的复习，从基础到难点，从轮廓到每个知识点，数据结构的知识在我的脑海里也不像以前那么模糊了。设计程序来解决现实存在的问题，将理论知识付诸于实践，对于计算机专业的本科生来说，解决实际问题能力的培养至关重要，而这种解决实际问题能力的培养单靠课堂教学是远远不够的，必须从课堂走向实践，这也是我们学习的目的。做完课程设计，我已深刻体会到了学习这门课程的重要性与必要性，同时，它也带给我启发，学习是思考的过程，我们应该主动去思考学习知识后怎么去运用，而不是一味地被动接受。

数据结构及算法在解决现实生活中的常见问题和软件设计方面上都有着重要的意义，我们应该好好掌握它的相关知识，在以后的学习过程中，更多地去思考如何运用知识。不管怎么说，经过这一次课程设计，我利用数据结构解决实际问题的能力大大提升，也巩固了很多知识，得到了指导老师的细心指导，非常感谢。

6.参考程序

```
#include <string.h>
#include <stdio.h>
#include <malloc.h>
typedef struct line {
    char *data;                          /* 数据 */
    struct line *next;                   /* 指针 */
} LINE;

/* 文章输入函数 */
void Create(LINE * &head)
{
    LINE *p;
    printf ("请输入一篇文章,并以#为结尾(每行最多输入80个字符!):\n");
    p=(struct line*)malloc(sizeof(struct line));
    head=p;
    char tmp[200];
    for(;1;) {
      gets(tmp);
      if(strlen(tmp)>80) {
        printf("每行最多输入80字符");
        break;
      }
      if(tmp[0]==35)break;
      p=p->next=(struct line*)malloc(sizeof(struct line));
      p->data=(char*)malloc(strlen(tmp));
      strcpy(p->data,tmp);
      if(tmp[strlen(tmp)-1]==35) {
        p->data[strlen(tmp)-1]='\0';
        break;
```

```
        }
    }
    p->next = NULL;
    head = head->next;
}

/* 统计英文字母个数 */
int CountLetter(LINE * &head)
{
    LINE * p = head;
    int count = 0;
    do
    {
      int Len = strlen(p->data);
      for(int i = 0; i<Len; i++)
        if((p->data[i]>='a'&&p->data[i]<='z')||(p->data[i]>='A'&&p->data[i]<='Z'))
          count++;
    } while((p = p->next)!= NULL);
    return count;
}

/* 统计数字个数 */
int CountNumber(LINE * &head)
{
    LINE * p = head;
    int count = 0;
    do {
      int Len = strlen(p->data);
      for(int i = 0; i<Len; i++)
        if(p->data[i]>= 48 && p->data[i]<= 57)count++;
    } while((p = p->next)!= NULL);
    return count;
}

/* 统计空格个数 */
int CountSpace(LINE * &head)
{
    LINE * p = head;
    int count = 0;
    do {
      int Len = strlen(p->data);
      for(int i = 0; i<Len; i++)
        if(p->data[i]== 32)count++;
```

```
    } while((p = p - >next)!  = NULL);
    return count;
}

/* 统计文章的总字数 */
int CountAll(LINE * &head)
{
    LINE * p = head;
    int count = 0;
    do {
      count + = strlen(p - >data);
    } while((p = p - >next)!  = NULL);
    return count;
}

/* 查找特定字符串 */
int FindString(LINE * &head,char * str)
{
    LINE * p = head;
    int count = 0;
    int h = 0;
    int len1 = 0;
    int len2 = strlen(str);
    int i,j,k;
    do {
      len1 = strlen(p - >data);
      for(i = 0; i<len1; i + + ) {
        if(p - >data[i] = = str[0]) {
          k = 0;
          for(j = 0; j<len2; j + + )
            if(p - >data[i + j] = = str[j]) k + + ;
            if(k = = len2){
              count + + ;
              i = i + k - 1;
        }
      }
    }
} while((p = p - >next)!  = NULL);
return count;
}

/* 删除特定字符串 */
void delstringword(char * s,char * str)
```

```
{
    char * p = strstr(s,str);
    char tmp[80];
    int len = strlen(s);
    int i = len - strlen(p);
    int j = i + strlen(str);
    int count = 0;
    for(int m = 0; m<i; m++)tmp[count++] = s[m];
    for(int n = j; n<len; n++)tmp[count++] = s[n];
    tmp[count] = '\0';
    strcpy(s,tmp);
}

/* 删除字符串 */
void DelString(LINE * &head,char * str) {
    LINE * p = head;
    do {
      if(strstr(p->data,str)! = NULL)delstringword(p->data,str);
    } while((p = p->next)! = NULL);
}

/* 程序退出 */
void OutPut(LINE * &head) {
    LINE * p = head;
    do {
      printf("%s\n",p->data);
    } while((p = p->next)! = NULL);
}

int main() {
    int i = 0;
    int operate;
    LINE * head;
    Create(head);
    printf("输入的文章为:\n");
    OutPut(head);
    printf("\n");
    printf("全部字母数:%d \n",CountLetter(head));
    printf("数字个数:%d \n",CountNumber(head));
    printf("空格个数: %d \n",CountSpace(head));
    printf("文章总字数: %d \n",CountAll(head));
    char str1[20],str2[20];
    printf("\n");
```

```
    printf("**********************\n");
    printf("*菜                  单  *\n");
    printf("**********************\n");
    printf("*     1---统计字符串     *\n");
    printf("*     2---删除字符串     *\n");
    printf("*     3---退出           *\n");
    printf("**********************\n");
    do {
      printf("请输入你要选择的操作:");
      scanf("%d",&operate);
      switch(operate) {
        case 1:
          printf("请输入要统计的字符串:");
          scanf("%s",&str1);
          printf("%s出现的次数为:%d\n",str1,FindString(head,str1));
          printf("\n");
          CountAll(head);
          CountNumber(head);
          CountLetter(head);
          CountSpace(head);
          break;
        case 2:
          printf("请输入要删除的某一字符串:");
          scanf("%s",&str2);
          DelString(head,str2);
          printf("删除%s后的文章为:\n",str2);
          OutPut(head);
          break;
        case 3:
          printf("已退出程序,请重新运行\n");
          break;
      }
    } while(operate! =0);
}
```

附录A　C语言常用语法提要

出于易读目的，附录A用自然语言给出常用C语言语法。附录A中给出的是非完整的C语言语法，最新的标准C语言C11的语法可参见ISO/IEC 9899:2011。

A.1　记号

记号（Token，又常称单词）是程序设计语言中具有意义的最小语法单位，C语言记号包括关键字、标识符、常量、字符串文本、运算符、标点符号等几类。

A.1.1　标识符和关键字

从形式看，标识符和关键字都是字母或下划线开头的，由字母、数字和下划线组成的字符序列。标识符和关键字的区别在于关键字是C语言保留具有固定意义和用途的字符串，而标识符是用作标识某个名字，如变量、常量、数据类型或函数的名字的字符串。

C语言的关键字有auto、break、case、char、const、continue、default、do、double、else、enum、extern、float、for、goto、if、int、long、register、return、short、signed、sizeof、static、struct、switch、typedef、union、unsigned、void、volatile、while等。

C语言中，关键字不能用作标识符，例如不能把switch声明为一个变量或函数；C语言区分大小写，例如Switch可用作变量或函数名。

A.1.2　常量

C语言中，常量是指用来表示数值的字符串，分为浮点常量、整型常量、枚举常量和字符常量几种。

1.浮点常量

浮点常量有小数形式和指数形式两种，前者如12.34，后者如12e-3，其指数形式所表示的常量值为12×10^{-3}，即0.012。浮点常量默认存储方式是double型，浮点常量可加后缀f或F表示float类型，如12.34f；或加后缀l或L，如12.34L，表示常量存储方式为long double型。

2.整型常量

整型常量有十进制、八进制、十六进制几种，八进制常数以0开头，十六进制常数以0x或0X开头，如1239（十进制），0123（八进制，相应的十进制值为83），0x12ff（十六进制，相应的十进制值为4863），整型常量也可带后缀l或L，或者无符号后缀u或U。

3.枚举常量

枚举常量用标识符表示，仅仅出现在枚举定义中，如enum {FAIL=0,SUCCESS}中出现的 FAIL、SUCCESS 就是两个枚举常量,其值分别为 0 和 1。

4.字符常量

字符常量一般为用单引号(')括起来的除单引号、反斜杠外的其他字符,如'A';字符常量还可用单引号括起来的转义序列(序列的第一个字符\称作转义符)表示,如使用简单转义序列'\n'表示的是换行符,而用十六进制转义序列'\x41'表示的是 ASCII 码值为 41H 的字符,即'A'。

A.1.3　字符串文本

字符串文本为由双引号(")括起来的字符序列,其中可以出现转义序列,如"hello\nworld!"。

A.1.4　运算符

运算符是表达式的重要组成部分,关于运算符和表达式的进一步说明见 A.2。

A.1.5　标点符号

标点符号用于分隔不同的语法成分,C 语言的标点符号包括方括号[ ]、圆括号( )、花括号{ }、*、逗号、冒号、等号、分号、省略号和#,其中有些记号既是标点符号,也是运算符,如表达式语句“a = 1”;中的“ = ”是运算符,而声明“int i = 1”中的“ = ”为标点符号,用于分隔变量和它的初始化式。

A.2　表达式

表达式是 C 语言中最基本的计算成分,由运算量(也称操作数,即数据引用或函数调用)和运算符连接而成。形式最简单的运算量包括变量、常量、字符串文本或函数调用,它们也是形式最简单的表达式,如常量 3、变量 i、函数 a()等,一个表达式可以作为运算量参与组成更复杂的表达式,如 3 + i、b = 3 + i * a()等。

运算符根据其表达的运算中涉及的运算量数量不同,可分为一元运算符、二元运算符和三元运算符等,典型一元运算符有正(+)、负(-)和间接寻址(*)运算符等,二元运算符有加(+)、减(-)、乘(*)、除(/)运算符等,三元运算符有条件(?:)运算符。在表达式中,运算符出现在运算量之前的称为前缀表达式,出现在运算量之后的为后缀前缀表达式,如 + + i 就是一个前缀表达式,而 i+ + 就是一个后缀表达式,形式相同的运算符在作为前缀或后缀出现时具有不同的性质,因此一般把它们视作不同的运算符。

运算符还有两大特性:优先级和结合性。优先级反映不同类型的运算符所表达的运算在表达式中执行的先后顺序,例如对于 2 + 3 * 4 中出现的运算符 + 和 *,规定 * 的优先级高于 + 的优先级,先执行乘法运算,再执行加法运算。结合性反映同优先级别运算符所代表的运算的执行先后顺序。C 语言中规定了两种结合方向:一种是“左结合性”,即按从左到右的方向进行运算;另一种是“右结合性”,即按从右到左的方向进行运算。

C 语言运算符的说明见表 A.1。

表 A.1 运算符

<table>
<tr><th>优先级</th><th>名称</th><th>符号</th><th>结合性</th><th>例子</th></tr>
<tr><td>1</td><td>数组下标</td><td>[]</td><td>左结合</td><td>a[1]=1;</td></tr>
<tr><td>1</td><td>函数调用</td><td>()</td><td>左结合</td><td>i=Add(1,2);</td></tr>
<tr><td>1</td><td>结构和联合的成员</td><td>. 和 -></td><td>左结合</td><td>Student.age=1;
Student->age=1;</td></tr>
<tr><td>1</td><td>自增(后缀)</td><td>++</td><td>左结合</td><td>i++;</td></tr>
<tr><td>1</td><td>自减(后缀)</td><td>--</td><td>左结合</td><td>i--;</td></tr>
<tr><td>2</td><td>自增(前缀)</td><td>++</td><td>右结合</td><td>++i;</td></tr>
<tr><td>2</td><td>自减(前缀)</td><td>--</td><td>右结合</td><td>--i;</td></tr>
<tr><td>2</td><td>取地址</td><td>&</td><td>右结合</td><td>p=&i;</td></tr>
<tr><td>2</td><td>间接寻址</td><td>*</td><td>右结合</td><td>*p=1;</td></tr>
<tr><td>2</td><td>一元正号</td><td>+</td><td>右结合</td><td>i=+10;</td></tr>
<tr><td>2</td><td>一元负号</td><td>-</td><td>右结合</td><td>i=-10;</td></tr>
<tr><td>2</td><td>按位求反</td><td>~</td><td>右结合</td><td>i=~i;</td></tr>
<tr><td>2</td><td>逻辑非</td><td>!</td><td>右结合</td><td>if (!End) i++;</td></tr>
<tr><td>2</td><td>计算内存长度</td><td>sizeof</td><td>右结合</td><td>len=sizeof(StrA);</td></tr>
<tr><td>3</td><td>强制类型转换</td><td>( )</td><td>右结合</td><td>int=0;float f;
f=(float)i;</td></tr>
<tr><td>4</td><td>乘除法类</td><td>*、/和%</td><td>左结合</td><td>i=1*2;</td></tr>
<tr><td>5</td><td>加减法类</td><td>+和-</td><td>左结合</td><td>i=1+2;</td></tr>
<tr><td>6</td><td>按位移位</td><td><<和>></td><td>左结合</td><td>i=i<<1;</td></tr>
<tr><td>7</td><td>关系</td><td><、>、<=和>=</td><td>左结合</td><td>if (a>b) i++;</td></tr>
<tr><td>8</td><td>判等</td><td>==和!=</td><td>左结合</td><td>if (a==b) i++;</td></tr>
<tr><td>9</td><td>按位与</td><td>&</td><td>左结合</td><td>input_0=i&0x01;</td></tr>
<tr><td>10</td><td>按位异或</td><td>^</td><td>左结合</td><td>j=i^0xffff;</td></tr>
<tr><td>11</td><td>按位或</td><td>|</td><td>左结合</td><td>light_0=i|0x01;</td></tr>
<tr><td>12</td><td>逻辑与</td><td>&&</td><td>左结合</td><td>if (a>b && j==1) i++;</td></tr>
<tr><td>13</td><td>逻辑或</td><td>||</td><td>左结合</td><td>if (a>b || j==1) i++;</td></tr>
<tr><td>14</td><td>条件</td><td>? :</td><td>右结合</td><td>i==0? j++:j--;</td></tr>
<tr><td>15</td><td>单赋值</td><td>=</td><td>右结合</td><td>i = 10*21;</td></tr>
<tr><td>16</td><td>复合赋值</td><td>*=、/=、%=、+=、
-=、<<=、>>=、
&=、^=和|=</td><td>右结合</td><td>i+=j=1;</td></tr>
<tr><td>17</td><td>逗号</td><td>,</td><td>左结合</td><td>i+1,j=0;</td></tr>
</table>

A.3 声明

声明的目的是说明标识符表示的名字的含义,C语言规定一个名字必须先声明再使用。C语言声明包括结构、联合、枚举类型声明,用户自定义类型声明,变量声明和函数声明几类。

A.3.1　结构、联合、枚举类型声明

1.结构类型声明

结构类型声明的形式为：

struct 标识符 {结构声明列表}

下面例子定义了一个名字为 card 的结构类型：

```
struct card{
    char name[NAMELENGTH + 1];
    char address[ADDRESSLENGTH + 1];
};
```

结构类型声明中的标识符称为结构标记，用于标识特定类型结构类型的名字，它只有和前置 struct 在一起才有意义，例如 struct card card1;正确声明了一个类型为 card 的结构变量 card1，而 card card1;是一条错误的变量声明。

结构声明列表是一个由分号(;)分隔的结构成员，即字段(field)的声明序列，字段声明与变量声明(见 A.3.3)类似，不同之处在于：第一，不允许字段声明中出现存储类别说明符，如 auto;第二，允许声明位字段(bit field)，用(:常量)说明位字段的位宽，如 struct a{int b:8;}，说明其中位域 b 所占用内存的位宽度为 8 bit。

2.联合类型声明

联合类型声明形式为：

union 标识符 {结构声明列表}

除了使用了 union 关键字之外，其他部分与结构体类型定义形式相同。

3.枚举类型声明

枚举类型声明的形式为：

enum 标识符 {枚举常量列表}

其中，标识符作为标记的用途和用法与结构标记类似，枚举常量列表是一个由逗号(,)分隔的标识符序列，每个标识符代表一个枚举常量名，例如：

```
enum traffic_light {RED,GREEN,YELLOW};
```

A.3.2　用户自定义类型声明

C 语言支持用户自定义类型的声明，即通过 typedef 将某个标识符说明为某个特定类型的名字。用户自定义类型声明的常用形式为：

typedef 类型限定符的列表 类型说明符前置 * 标识符;

一个用户自定义类型声明的例子如：

```
typedef const int * MyType;
```

类型声明中，标识符是要定义的用户自定义类型名，可前置 0 到多个 *，表示指针名。

类型限定符列表是由 0～2 个类型限定符构成的串，类型限定符串有 const、volatile 等，const 用于限定不变变量，即在程序中不能显式修改被 const 限定的变量的值，volatile 用于说

明变量值是随时可能变化的,这使得编译器不对与 volatile 限定变量有关的运算进行优化。

类型说明符列表是一个由若干类型说明符组成的串,类型说明符有 3 类:第一类包括 void、char、short、int、long、unsigned、sigened、float、double 等;第二类包括结构、联合、枚举类型说明符,这类说明符可以直接引用结构、联合或枚举类型名,或者采用与结构、联合、枚举类型声明相似的形式(不带分号(;),可以不带标记);第三类是已定义的用户类型。

类型限定符和类型说明符的组合顺序没有严格规定,不过一般将类型限定符放在类型说明符前面。

A.3.3 变量声明

C 语言变量声明的常用形式如下:

存储类别说明符　类型限定符列表 类型说明符变量声明符列表;

一个变量声明的例子如:

```
extern long int i;
```

在 C 语言变量声明中,存储类别说明符为可选项,用来说明变量的存储方式,存储类别说明符有 auto、static、extern、register 等几种。

类型限定符、类型说明符列表的使用方法和说明与 A.3.2 类型声明中的使用方法相同。

变量声明符列表是一个由逗号(,)分隔的变量声明符序列。常见变量声明符有 4 类形式:

(1)标识符,标识符为简单变量名;

(2)标识符[常量表达式],标识符为数组名;

(3)1 到多个 * 标识符,标识符为指针名;

(4)(* 标识符)(形式参数列表),标识符为函数指针名。

此外,变量声明符可以后跟初始化式,其形式为:

变量声明符 = 初始化式

初始化式为一个表达式,用于指定变量的初始化值,如 int i = 3, * p = &i, a[3] = {1,2,3}。

A.3.4 函数声明

函数声明一般形式为:

返回类型　标识符(形式参数列表);

函数声明的例子如:

```
float sum(float a, float b);
```

其中,返回类型有存储类别说明符(可选)、类型限定符(可选)、类型说明符和若干 * 连接而成的序列说明,存储类别只能为 extern 或 static。

标识符表示函数名,函数的形式参数列表是一个由逗号(,)分隔的形式参数声明序列,序列长度可为 0,形式参数声明的形式与 A.3.3 变量声明的形式基本类似,其中变量名可以省略,如:

```
float sum(float,float);
```

A.4　语句

C语言语句有6类,分别为标号语句、复合语句、表达式语句、选择语句、循环语句、跳转语句。

A.4.1　标号语句

标号语句的形式有3种:①标识符:语句,主要是用于goto语句转义的目标地址;②case常量表达式:语句;③default:语句。其中后两种格式的标号语句只允许出现switch语句中。

A.4.2　复合语句

复合语句的形式为:

```
{声明序列  语句序列 }
```

例如:

```
{ int i; i = 0; }
```

A.4.3　表达式语句

表达式语句的形式为:

```
表达式;
```

例如:

```
i + +;
```

表达式语句的表达式可为空,对应语句为空语句。

A.4.4　选择语句

选择语句分为if语句、if-else语句和switch语句3种。

if语句的形式为:

```
if (表达式) 语句
```

if-else语句的形式为:

```
if (表达式) 语句1 else 语句2
```

switch语句的形式为:

```
swtich (表达式) case 语句序列
```

A.4.5　循环语句

循环语句包括while语句、do-while语句和for语句3种。

while语句的形式为:

```
while (表达式) 语句
```

do-while 语句的形式为：

```
do 语句 while(表达式);
```

for 语句的形式为：

```
for (表达式 1;表达式 2;表达式 3) 语句
```

for 语句中的 3 个表达式都是可选项，但是两个分号不能省略。

A.4.6 跳转语句

跳转语句有以下几类形式：①goto 标识符；②continue；③break；④return 表达式；表达式为可选项。其中，continue；一般出现在循环语句中，结束本次循环，控制转回循环开始处；break；一般出现在循环或 switch 语句中，用于跳出循环或 switch 语句，控制转至循环或 switch 语句之后。

A.5 函数定义

函数是 C 语言程序的基本构成单元，一个 C 语言程序实际就是一个 C 语言函数的集合，其中有且只能有一个主函数 main。C 语言规定函数不能嵌套定义，允许递归调用。

函数定义与函数声明不同，函数定义包含函数头和函数体两部分，前者基本是一个函数声明并以分号结束，后者为函数实现部分，由复合语句构成。

C 语言函数定义的常用形式为：

```
返回类型 标识符(形式参数列表) 复合语句
```

其中，标识符为函数名。函数定义的例子，例如：

```
void get_value(int x, int y)        /* 函数声明,函数头 */
{…}                                 /* 复合语句,函数体 */
```

在经典 C 语言风格的函数定义中，形式参数可以仅给出参数名，在复合语句之前包含一个声明序列，用于说明形式参数的类型，例如：

```
void get_value(x,y)
int x,y;
{…}
```

A.6 预处理

C 语言提供编译预处理功能，C 语言预处理器在对程序编译前先根据程序中的预处理指令编辑程序。C 语言的预处理指令大致包含宏定义、文件包含和条件编译 3 类。

A.6.1 宏定义

宏定义类指令包含 # define 和 # undef 两条指令，前者用于定义宏，后者用于取消宏定义。简单宏定义不带参数，形式为：

```
#define 标识符 替换串
```

例如，将宏 MAX 定义为 100：

```
#define MAX 100
```

C 语言预处理器在预处理时将会将程序中出现的所有 MAX 替换为 100。复杂一点的宏定义可以带参数，其形式为：

```
#define 标识符(标识符列表) 替换列表
```

必须注意标识符和(间不能有空格，例如：

```
#define MIN(x,y) ((x)<(y) ? (x):(y))
```

程序中如果出现 MIN(i,j+1)将会在预处理时被替换为((i)<(j+1) ？(i)：(j+1))。

A.6.2　文件包含

文件包含指令为#include，C 语言预处理器在预处理时将#inlude 指令指定的文件内容添加到程序文件中。文件包含的形式有两种：#include <文件名>和#include"文件名"。前者引起 C 语言预处理器在系统规定的标准路径上(可通过编译器环境变量设置)查找文件，适用于库文件的包含；后者引起 C 语言预处理器在当前目录中查找文件，如果找不到，则继续按系统规定的标准路径查找文件，适用于用户自定义文件的包含。

A.6.3　条件编译

条件编译是指根据预处理器所执行测试的结果来将程序的片段加入或排除出需编译的内容。条件指令类指令包括#if、#ifdef 和#ifndef 等。

#if 指令格式为：

```
#if 标示符或常量表达式
```

它的常用使用方式如下所示：

```
#if DEBUG
    printf("这是调试版本!");
#else
    printf("这是运行版本!");
#endif
```

如果此段程序之前先通过宏定义#define DEBUG，则预处理器将 printf("这是调试版本!");保留在程序中；否则，预处理器将 printf("这是运行版本!");保留在程序中。

附录B　C语言常用库函数

B.1　数学函数

数学函数的包含文件：#include ＜math.h＞，如表B.1所示。

表B.1　数学函数

函数原型	函数功能和使用说明
int abs(int i)	求整数的绝对值
double fabs(double x)	返回浮点数的绝对值
double floor(double x)	向下舍入
double fmod(double x, double y)	计算x对y的模，即x/y的余数
double exp(double x)	指数函数
double log(double x)	对数函数ln(x)
double log10(double x)	对数函数log
long labs(long n)	取长整型绝对值
double modf(double value, double * iptr)	把数分为指数和尾数
double pow(double x, double y)	指数函数(x的y次方)
double sqrt(double x)	计算平方根
double sin(double x)	正弦函数
double asin(double x)	反正弦函数
double sinh(double x)	双曲正弦函数
double cos(double x);	余弦函数
double acos(double x)	反余弦函数
double cosh(double x)	双曲余弦函数
double tan(double x)	正切函数
double atan(double x)	反正切函数
double tanh(double x)	双曲正切函数

B.2　字符串函数

字符串函数的包含文件：#include ＜string.h＞，如表B.2所示。

表 B.2　字符串函数

函数原型	函数功能和使用说明
char * strcat(char * dest,const char * src)	将字符串 src 添加到 dest 末尾
char * strchr(const char * s,int c)	检索并返回字符 c 在字符串 s 中第一次出现的位置
int strcmp(const char * s1,const char * s2)	比较字符串 s1 与字符串 s2 的大小,并返回字符串 s1 - s2
char * stpcpy(char * dest,const char * src)	将字符串 src 复制到 dest
char * strdup(const char * s)	将字符串 s 复制到最近建立的单元
int strlen(const char * s)	返回字符串 s 的长度
char * strlwr(char * s)	将字符串 s 中的大写字母全部转换成小写字母,并返回转换后的字符串
char * strrev(char * s)	将字符串 s 中的字符全部颠倒顺序重新排列,并返回排列后的字符串
char * strset(char * s,int ch)	将一个字符串 s 中的所有字符置于一个给定的字符 ch
char * strspn(const char * s1,const char * s2)	扫描字符串 s1,并返回在字符串 s1 和字符串 s2 中均有的字符个数
char * strstr(const char * s1,const char * s2)	描字符串 s2,并返回第一次出现字符串 s1 的位置
char * strtok(char * s1,const char * s2)	检索字符串 s1,该字符串 s1 是由字符串 s2 中定义的定界符所分隔
char * strupr(char * s)	将字符串 s 中的小写字母全部转换成大写字母,并返回转换后的字符串

B.3　字符函数

字符函数的包含文件:#include <ctype.h>,如表 B.3 所示。

表 B.3　字符函数

函数原型	函数功能和使用说明
int isalpha(int ch)	若 ch 是字母('A'～'Z'、'a'～'z')则返回非 0 值,否则返回 0
int isalnum(int ch)	若 ch 是字母('A'～'Z'、'a'～'z')或数字('0'～'9')则返回非 0 值,否则返回 0
int isascii(int ch)	若 ch 是字符(ASCII 码中的 0～127)则返回非 0 值,否则返回 0
int iscntrl(int ch)	若 ch 是作废字符(0x7F)或普通控制字符(0x00～0x1F)则返回非 0 值,否则返回 0
int isdigit(int ch)	若 ch 是数字('0'～'9')则返回非 0 值,否则返回 0
int isgraph(int ch)	若 ch 是可打印字符(不含空格)(0x21～0x7E)则返回非 0 值,否则返回 0
int islower(int ch)	若 ch 是小写字母('a'～'z')则返回非 0 值,否则返回 0
int isprint(int ch)	若 ch 是可打印字符(含空格)(0x20～0x7E)则返回非 0 值,否则返回 0
int ispunct(int ch)	若 ch 是标点字符(0x00～0x1F)则返回非 0 值,否则返回 0
int isspace(int ch)	若 ch 是空格('')、水平制表符('\t')、回车符('\r')、走纸换行('\f')、垂直制表符('\v')、换行符('\n')则返回非 0 值,否则返回 0
int isupper(int ch)	若 ch 是大写字母('A'～'Z')则返回非 0 值,否则返回 0
int isxdigit(int ch)	若 ch 是十六进制数('0'～'9'、'A'～'F'、'a'～'f')则返回非 0 值,否则返回 0
int tolower(int ch)	若 ch 是大写字母('A'～'Z')则返回相应的小写字母('a'～'z')
int toupper(int ch)	若 ch 是小写字母('a'～'z')则返回相应的大写字母('A'～'Z')

B.4 输入输出函数

输入输出函数的包含文件：#include <stdio.h>，如表 B.4 所示。

表 B.4 输入输出函数

函数原型	函数功能和使用说明
int getch()	从控制台(键盘)读一个字符，不显示在屏幕上
int putch()	向控制台(键盘)写一个字符
int getchar()	从控制台(键盘)读一个字符，显示在屏幕上
int putchar()	向控制台(键盘)写一个字符
int getchar()	从控制台(键盘)读一个字符，显示在屏幕上
int getc(FILE * stream)	从流 stream 中读一个字符，并返回这个字符
int putc(int ch,FILE * stream)	向流 stream 写入一个字符 ch
int getw(FILE * stream)	从流 stream 读入一个整数，错误返回 EOF
int putw(intw,FILE * stream)	向流 stream 写入一个整数
FILE * fclose(handle)	关闭 handle 所表示的文件处理
int fgetc(FILE * stream)	从流 stream 处读一个字符，并返回这个字符
int fputc(int ch,FILE * stream)	将字符 ch 写入流 stream 中
char * fgets(char * string,intn,FILE * stream)	从流 stream 中读 n 个字符存入 string 中
FILE * fopen(char * filename,char * type)	打开一个文件 filename，打开方式为 type，并返回这个文件指针，type 可为字符串加上后缀
int fputs(char * string,FILE * stream)	将字符串 string 写入流 stream 中
int fread(void * ptr,intsize,intnitems,FILE * stream)	从流 stream 中读入 nitems 个长度为 size 的字符串存入 ptr 中
int fwrite(void * ptr,intsize,intnitems,FILE * stream)	向流 stream 中写入 nitems 个长度为 size 的字符串，字符串在 ptr 中
int fscanf(FILE * stream,char * format[,argument,…])	以格式化形式从流 stream 中读入一个字符串
int fprintf(FILE * stream,char * format[,argument,…])	以格式化形式将一个字符串写给指定的流 stream
int scanf(char * format[,argument…])	从控制台读入一个字符串，分别对各个参数进行赋值，使用 BIOS 进行输出
int printf(char * format[,argument,…])	发送格式化字符串输出给控制台(显示器)，使用 BIOS 进行输出

B.5 标准库函数

标准库函数的包含文件：#include <stdlib.h>，如表 B.5 所示。

表B.5　标准库函数

函数原型	函数功能和使用说明
atof()	将字符串转换为double(双精度浮点数)
atoi()	将字符串转换成int(整数)
atol()	将字符串转换成long(长整型)
strtod()	将字符串转换为double(双精度浮点数)
strtol()	将字符串转换成long(长整型数)
strtoul()	将字符串转换成unsigned long(无符号长整型数)
calloc()	分配内存空间并初始化
free()	释放动态分配的内存空间
malloc()	动态分配内存空间
realloc()	重新分配内存空间

附录C　实验报告模板

完整的数据结构实验报告包括实验题目、实验目的、实验内容和总结等项目，可以参照以下模板撰写。

××大学(学院)实验报告纸

______________(系/学院)______________专业______班____组________课

学号____________姓名__________实验日期______________教师评定________

实验1　线性表的顺序、链式表示及应用

一、实验目的

1. 掌握线性表的顺序存储结构，熟练掌握顺序表的各种基本算法。
2. 掌握线性表的链式存储结构，熟练掌握单链表的各种基本算法。
3. 掌握利用线性表数据结构解决实际问题的方法和基本技巧。
4. 培养运用线性表解决实际问题的能力。

二、实验内容

1. 编写一个程序 test1－1.cpp，实现顺序表的各种基本运算，本实验的顺序表元素的类型为 char。

(1) 数据结构类型描述。

```
#define MaxSize 50
typedef char ElemType;
typedef struct
{
    ElemType data[MaxSize];              /* 存放顺序表中的元素 */
    int length;                          /* 顺序表的长度 */
} SqList;                                /* 顺序表的类型 */
```

(2) 基本运算的函数功能和函数原型，以及核心函数的设计。

① void CreateList(SqList *&L,ElemType a[],int n)　　/* 建立顺序表 */

功能：将给定的含有 n 个元素的数组的每个元素依次放入顺序表中，并将 n 赋给顺序表的

长度成员。

② void InitList(SqList *&L)　　/* 初始化线性表 */

功能:构造一个空的线性表 L。

③ bool ListInsert(SqList *&L,int i,ElemType e)　　/* 插入数据元素 */

功能:该运算在顺序表 L 的第 i(1≤i≤ListLength(L)+1)个位置上插入新的元素 e。如果 i 值不正确,则显示相应错误信息;否则,将顺序表原来第 i 个元素及以后元素均后移一个位置,移动方向从右向左,如图 C.1 所示,腾出一个空位置插入新元素,最后顺序表长度增 1。

0	1	2	…	i	…	n-1	n	…	MaxSize-1	length
a_1	a_2	a_3	…	a_{i+1}	…	a_n		…	…	n增1

从右向左移动

图 C.1　插入元素时移动元素的过程

(3) 测试数据和运行结果。

```
InitList(L);
ListInsert(L,1,'a');
ListInsert(L,2,'b');
ListInsert(L,3,'c');
ListInsert(L,4,'d');
ListInsert(L,5,'e');
printf("顺序表 L 长度 = %d\n",ListLength(L));
printf("ListEmpty(L) = %d\n",ListEmpty(L));
GetElem(L,3,e);
printf("顺序表 L 第 3 个元素 = %c\n",e);
```

程序运行结果如图 C.2 所示。

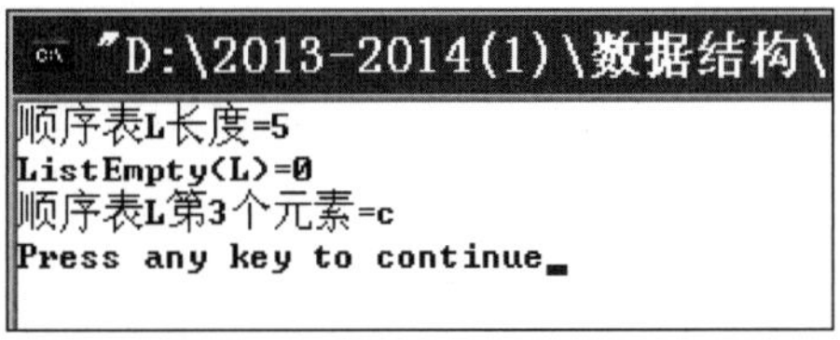

```
"D:\2013-2014(1)\数据结构\
顺序表L长度=5
ListEmpty(L)=0
顺序表L第3个元素=c
Press any key to continue
```

图 C.2　程序运行结果

(4)分析和经验。

① typedef 很方便。

② 插入和删除时一定要控制好边界条件,最好画图来理解和确定控制条件。

2. 编写一个程序 test1-2.cpp,实现单链表的各种基本运算,本实验的单链表元素的类型为 char。

(1)数据结构类型描述。

(2)基本运算的函数功能和函数原型,以及核心函数的设计。

(3)测试数据和运行结果。

(4)分析和经验。

3. 编写一个程序 test1－3.cpp,用单链表存储一元多项式,并实现两个多项式的相加运算。

(1)数据结构类型描述。

(2)基本运算的函数功能和函数原型,以及核心函数的设计。

(3)测试数据和运行结果。

(4)分析和经验。

三、实验总结

1. 源程序数量为3个,源代码总行数为210行。

2. 通过第3个实验可以知道,线性表采用不同的存储结构,使用的方法不同,方便程度不同,为此要根据问题的性质和要求恰当选择存储结构,这样可提高效率。

3. "数据结构与算法"课程的学习与应用数据结构的知识解决实际问题差别很大,需要大量的练习才能真正掌握。

参 考 文 献

[1]石玉强，闫大顺．数据结构与算法[M]．北京：中国农业大学出版社，2017．

[2] 李春葆．数据结构(C 语言篇)——习题与解析[M]．修订版．北京：清华大学出版社，2002．

[3] 赵坚，姜梅．数据结构(C 语言版)学习指导与习题解答[M]．北京：中国水利水电出版社，2006．

[4] 杨晓波．数据结构实验指导(C 语言版)[M]．北京：中国电力出版社，2010．

[5] 李春葆．数据结构教程(第 4 版)上机实验指导[M]．北京：清华大学出版社，2013．

[6] 陈媛，何波，蒋鹏，刘洁．数据结构学习指导・实验指导・课程设计[M]．北京：机械工业出版社，2008．